カエルはお腹で水を飲む？

――カエルの皮膚――その意外な役割

長井 孝紀

養賢堂

口絵 1
上段：ヨシュアノキ　傍らに立っているのは共同研究者の静岡大学竹内浩昭氏（本文 P. 16）
　　　（ネバダ州のスプリングマウンテン州立公園にて）
下段：遠くにファーストクリーク渓谷を望む乾燥地帯（本文 P. 17）
　　　（ネバダ州のスプリングマウンテン州立公園にて）

 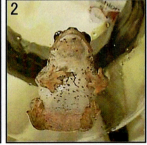 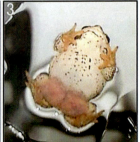

口絵2
上段：アカモンヒキガエル（本文P. 17）
下段：アカモンヒキガエルの水吸収反応（本文P. 18）
　　1：初め，水で濡れたガラス板の上に自然な姿勢で座っている。
　　2：次に，腰を落とし，大腿部と下腹部の一部をガラス板に接触させている。
　　3：さらに，後肢を大きく広げ，接触面積を増やして皮膚から水分を吸収している。
　　　大腿部の周囲に水がまとわりついているのが，光の散乱で見てとれる。

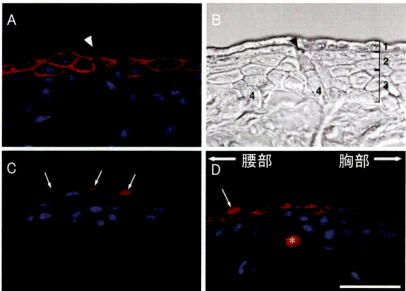

口絵3
上段：手のひらに乗っているニホンアマガエル（本文 P. 66）
下段：ニホンアマガエルの腹部皮膚における AQP-h3 の分布（本文 P. 70）
　　A：AQP-h3 は顆粒層にある。B：A と同じ切片を微分干渉顕微鏡で観察すると表皮の四つの層が見え，2 が顆粒層である。C：抗体の特異性を示すための吸収実験。D：胸部に近い腹部では QP-h3 がない。A と B での三角印はフラスコ細胞を示す。C と D での矢印や星印は非特異的に反応した細胞を示す。校正バー =50 μm

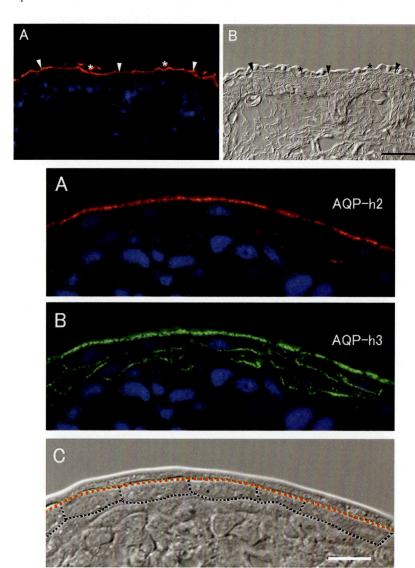

口絵 4
上段：アカモンヒキガエルの下腹部皮膚における AQP-h2 の分布（本文 P. 72）
A：AQP-h2 は皮膚顆粒層の細胞の頭頂部（矢頭印）にある。星印は角質層の細胞を示す。
B：A と同じ切片を微分干渉顕微鏡で観察した。校正バー ＝50 μm
下段：ホルモン AVT を投与したニホンアマガエルの腹部皮膚での AQP の分布（本文 P. 76）
A：赤色で AQP-h2 の局在を示す。B：緑色で AQP-h3 の局在を示す。C：同じ切片を微分干渉顕微鏡で観察し，顆粒層の細胞の頭頂部の位置を赤の点線と緑の線を書き加えて示す。
黒の点線は同じ細胞の外側基底部の位置を示す。校正バー ＝10 μm

口絵5
上段：ラスベガス国際空港の出迎えターミナルに設置されたスロットマシーン（本文 P. 90）
下段：ピックアップトラックの前でネバダ大学のヒルヤード教授と筆者（本文 P. 93）

口絵6
上段：サワロ国立公園の周辺に広がるソノラ砂漠（本文P. 94）
中段：286号線の風景　はるか北を望むと局地的に雨が降っていた。（本文P. 95）
下段：車のヘッドライトで照らされたアルバリウス（本文P. 99）

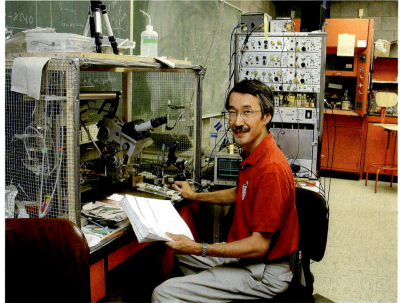

口絵7
上段：湿らせた土を入れたケースに採集したアルバリウスを入れ、車に積み込むところ（本文 P. 100）
下段：実験台で記録結果を見直している筆者（1999年ネバダ大学にて撮影）（本文 P. 101）

口絵8
上段：アルバリウスの水吸収反応（本文 P. 106）
下段：研究結果をわかりやすく示した漫画（本文 P. 126）

まえがき

蛙は日本人にとって身近な動物で，われわれは親しみを持って接している。幕末から明治の中期にかけて活躍した画家，河鍋暁斎（1831〜1889）はカエルを題材にした絵を生涯描き続けた。彼の絵では人間の形をしたカエルがたくさん出てきて，非常に面白い風刺画となっている。カエルは平安末期の鳥獣戯画にも出ているが，正面を向いた大きな眼，すらりと伸びた後ろ肢は擬人化に合うのだろう。

河鍋暁斎記念美術館（埼玉県蕨市）は彼の作品（カエルだけではない）を展示するために，親族が設立した美術館であるが[1]，ここを活動拠点とした友の会が二つある。面白いのはその一つで，蛙を愛する人たちによる"カエル友の会"である。その入会条件は"蛙のコレクションを1点以上お持ちの方"とある。カエルを題材にした置物や玩具は多いので，カエルグッズのコレクターでなくても，皆さんのご家庭には一つや二つはあるだろう。その一つを持参すればよいのだが，できることならもっと自慢できる一品を持参したいのでは。そんな入会希望の方に，つぎに掲げる一品を紹介したい（写真1）。

写真1　石居進早稲田大学元教授所蔵，作者と製作年代不明

まえがき

　これはヒキガエルをかたどった根付である。根付とは江戸時代の細工物で、印籠と組みあわせて使われる。印籠につけた紐を帯に挟んで下げるとき、紐が抜け落ちないように印籠とは反対側の紐の端に付けておく。この根付はカエルをデザインしていることはすぐにわかるであろうが、このカエルが座っている台のようなものは何かわかるだろうか。それは草鞋（わらじ）だとわかる人は多くはあるまい。

　さらに、草鞋の上でこのカエルは何をしようとしているのか、わかるだろうか。餌を狙って待ち構えているようすだろうか。何かをしようとしているのではなく、カエルを擬人化して捉え座布団に座らせたいが、あまりに非現実的なので草鞋を選んだなど、いろいろ考えられよう。正解は、カエルが水を飲もうとしているところをかたどった－である。しかし、水がめや水筒といっしょにデザイン化されているならわかるが、水を連想させるものは何もないではないか―という反論が出よう。実は、この草鞋は水で濡れているはずなのである。

　この草鞋は水で濡れているはずなどと、どうして断言できるのか。そう疑問に思われた方には、本書を面白く読んでいただけるだろう。

　本書では、われわれから見ると意外な、カエルの水の飲み方を紹介しようと思う。まず、200年ほど歴史を遡って、カエルの水の飲み方の研究の始まりを見てみる（第1章）。次に、彼らの生態や行動に眼を向け、さまざまな環境のなかで水分を確保し、生き延びていく彼らの生活を紹介したい（第2章）。

　カエルの水の飲み方の研究は、われわれのからだを作っている細胞を囲む細胞膜の研究につながっている。その研究の歴史を少し詳しく追って行き、カエルの皮膚が生命科学の重要な研究材料であったことを示したい（第3章）。一連の研究は20世紀終わり近くになってから、水の分子を通すタンパク質の発見となって開花する（第4章）。このタンパク質がカエルの生存にどのようにかかわっているか、という視点で、環境に適応していくための彼らの戦略を最新の研究成果から紹介する（第5章）。

　以上のお話で、カエルが水を飲むために欠かせない器官は、皮膚であるこ

とがわかってくるだろう。最後にカエルの皮膚の役割をもう一つ紹介しようと思う。乾燥地にすむ，ある種のカエルはどんな水でも飲むのではなく，自然環境のなかで自分が飲むべき水とそうでない水を，自分のお腹の皮膚を使って区別しているのだ（第6章）。そして，そのしくみを追求した研究を紹介したい（第7章）。

目　次

口絵 1　上段：ヨシュアノキ
　　　　下段：遠くにファーストクリーク渓谷を望む乾燥地帯
口絵 2　上段：アカモンヒキガエル
　　　　下段：アカモンヒキガエルの水吸収反応
口絵 3　上段：手のひらに乗っているニホンアマガエル
　　　　下段：ニホンアマガエルの腹部皮膚における AQP-h3 の分布
口絵 4　上段：アカモンヒキガエルの下腹部皮膚における AQP-h2 の分布
　　　　下段：ホルモン AVT を投与したニホンアマガエルの腹部皮膚での AQP の分布
口絵 5　上段：ラスベガス国際空港の出迎えターミナルに設置されたスロットマシーン
　　　　下段：ピックアップトラックの前でネバダ大学のヒルヤード教授と筆者
口絵 6　上段：サワロ国立公園の周辺に広がるソノラ砂漠
　　　　中段：286 号線の風景　はるか北を望むと局地的に雨が降っていた
　　　　下段：車のヘッドライトで照らされたアルバリウス
口絵 7　上段：湿らせた土を入れたケースに採集したアルバリウスを入れ，車に積み込むところ
　　　　下段：実験台で記録結果を見直している筆者
口絵 8　上段：アルバリウスの水吸収反応
　　　　下段：研究結果をわかりやすく示した漫画

まえがき……………………………………………………………………… i

1.　蛙はお腹で水を飲む

1・1　カエルと水………………………………………………………001
1・2　ロバート・タウンソン（Robert Townson）
　　　―イギリスのナチュラリスト……………………………004
1・3　デイモン（Damon）とミュジドラ（Musidora）
　　　―名前をもらった二匹のカエル…………………………005
1・4　カエルは尿を飲む！―ほかの動物とは異なる膀胱の役割………009
1・5　忘れ去られた先駆者の研究……………………………………012
1・6　カエルと生理学…………………………………………………014

2.　水を巡るカエルの生存戦略

2・1　カエルと生息環境………………………………………………015
2・2　前方開脚姿勢で水を吸収/アカモンヒキガエル………………015
2・3　カエルの皮膚の構造……………………………………………019

2・4	地中に潜る/スキアシガエル	020
2・5	繭を作る/マルメタピオカガエル	021
2・6	皮膚にワックスを塗る/ソバージュネコメガエル	021
2・7	霧を集めて飲む/イエアメガエル	023
2・8	水を節約する	025
2・9	究極の飲み方―尿の再利用	026

3. カエルはお腹でどうして水が飲めるのか

3・1	カエルはよい実験モデル	027
3・2	カエルの皮膚と温泉	028
3・3	デュトロシェによる浸透圧の発見と測定法	030
3・4	カエルの皮膚での水の移動	032
3・5	水は細胞膜を通る	033
3・6	物理化学者の考え	035
3・7	細胞膜の構造についての先駆的研究	036
3・8	浸透圧の定量的研究	039
3・9	浸透圧に依存しない吸収機構	041
3・10	考え方の混乱	043
3・11	非対称な透過性	044
3・12	ウッシングによる能動輸送の発見	045
3・13	能動輸送を利用した水の移動	048
3・14	水の移動を説明するカーランの実験モデル	049
3・15	ダイアモンドの局所浸透圧勾配説	050

4. 水を通す分子とノーベル賞

4・1	水を通す粒子	056
4・2	ブルン効果	057
4・3	膀胱膜上に点在する粒子	058
4・4	アクアポリンの発見	059

5. カエルの環境とアクアポリン

5・1	カエルの皮膚でのアクアポリン	066
5・2	皮膚型と膀胱型のアクアポリン	069
5・3	環境とアクアポリン	071
5・4	オタマジャクシにアクアポリンはあるか	074
5・5	ホルモンによる発現調節	075
5・6	トランスロケーション	076
5・7	アクアポリンと両生類の進化	077
5・8	カエルは水を飲みたいと思って飲んでいるのか	080
5・9	カエルは飲んでよい水，いけない水を区別する	083

6. 砂漠のヒキガエル

6・1　ヒキガエルは食塩水を嫌う……………………………………………084
6・2　味覚とカエルの皮膚…………………………………………………088
6・3　カエルの皮膚の感覚機能……………………………………………089
6・4　初めてのラスベガス…………………………………………………089
6・5　ラスベガスでの研究…………………………………………………092
6・6　メキシコ国境でのカエル採集………………………………………092

7. カエルの皮膚：もう一つの働き

7・1　神経から記録の開始…………………………………………………101
7・2　アミロライドの抑制効果……………………………………………105
7・3　行動実験での検証……………………………………………………106
7・4　味蕾（味の受容器）は動物のどこにあるのか……………………108
7・5　ヒキガエルの皮膚で味蕾を探す……………………………………110
7・6　蛍光顕微鏡での観察…………………………………………………111
7・7　レーザー顕微鏡による観察…………………………………………113
7・8　見つかった細胞の機能は何か………………………………………115
7・9　二つの拡散ルート……………………………………………………115
7・10　刺激をどこで受け取るのか…………………………………………117
7・11　機械的刺激を受容する細胞…………………………………………118
7・12　電子顕微鏡による観察………………………………………………119
7・13　カエルは皮膚で塩味を知る…………………………………………121
7・14　イオンチャネルと抗体………………………………………………121
7・15　抗体をもらう…………………………………………………………122
7・16　抗体を作る……………………………………………………………123
7・17　ヒキガエル皮膚でのナトリウムチャネル…………………………123
7・18　研究の壁………………………………………………………………125

あとがき………………………………………………………………………127

引用文献………………………………………………………………………130
索　引…………………………………………………………………………136

1. 蛙はお腹で水を飲む

1・1 カエルと水

　蛙という言葉で連想ゲームを始めるとすれば，まず連想するものはオタマジャクシであり，次に水ではないだろうか．サカナ（魚類）は生存空間として水が絶対的に必要だが，カエルは進化して陸上生活ができるようになった．しかし，完全に水から離れて生活することはできず，"時々は"水が貯まった池に戻る必要がある．それは産卵をするため，そしてこれは頻繁にあることだが，水を得るためである．動物のからだを構成する分子で，量的に最も多い成分である水は，からだを作っている個々の細胞の細胞膜を通過し，外部へ失われやすい性質を持つ．ヒトのように陸上生活をする動物ではからだを覆う皮膚が，水分を蒸発させにくい構造をしている．しかし，カエルの皮膚はそのようになっていないので，水を失いやすい．仮に皮膚からの蒸発を防げたとしても，体内での代謝活動によってできた老廃物を水に溶かして尿として排泄するため，水が必要でこれを定期的に補給しないと生きていけない．

　　　　　　古池や　蛙飛び込む　水の音

　この句は暑い夏の日にカエルが水を飲むさまを詠んだもの，と答える学生がいたら文学の先生には叱られよう．だが，生物学では合格である．しかし，飛び込んだカエルはあの大きな口を開けて水を飲み込んだかというと，そうではない．実はカエルは水のなかでは口を閉じていて，水を飲むことには全く使わない．では，どうやって飲むかというと，からだを覆う皮膚を通して水分を吸収するのである．これを意外と受け取れる読者は，本書をどん

どん読み進んでいただけるだろう。しかし，生物学に多少馴染みがあって，カエルには皮膚呼吸という機能があることを知っている方は，酸素と同様に水分子も皮膚を通過するのだと納得し，興味は膨らまないかもしれない。ヒトの場合，プールで泳ぎながら水分補給をしてはいないので，ヒトとカエルの皮膚は何かが違うはずだと考えながら，読み進んでほしい。

　カエルは両生類と分類される。両生の意味するところは，水中と陸上の二つの世界で生活できるということであって，カエルの一般的な特性をよく表している。芭蕉の句で詠まれたカエルはおそらく関東地方で多く見られるトウキョウダルマガエルか，あるいはツチガエルであろう。これらのカエルは今，説明した"両生"に合致するが，実はカエルの生息環境は多様性に富んでいて，一生水中に留まり陸上生活のできないアフリカツメガエル（*Xenopus laevis*）のような種もいて，この説明と合わない。関東地方に多いアズマヒキガエル（*Bufo japonicus formousus*）は，池で産卵する時期のほかは池から離れて生活する。また，草色で小さなかわいいカエルであるニホンアマガエル（*Hyla japonica*）は丈の低い草木につかまって生活し，定期的に池に飛び込むことはしない。このような生息環境の多様性を考えてみると，カエルは皮膚から水分を吸収するが口から水を飲むことはしないという説明は，あくまで一般論であると断っておいたほうがよいだろう。皮膚から水が体内へ入り続けたのでは，水中生活をするアフリカツメガエルは水ぶくれになってしまう。水分の流入は何らかの形で調節されていると考えなければならない。ヒキガエルやアマガエルの場合，彼らの生息環境にはからだ全体をぼちゃっと浸けるだけの量の水はふつうない。だから口から水を飲むという行動を取れないのであれば，例えば木の葉に付いたちょっとした水滴から，水を吸収するようなしくみが必要になる。

　本書の読者は，解剖学や生理学の学生実験でカエルを使った経験を，きっとお持ちであろう。実験に使われるカエルは普通，ウシガエル（*Lithobates catesbeianus*[注*]）かヒキガエルであろう。首尾よく実験に使ってしまえば問

注＊：ウシガエルは以前，*Rana catesbeiana* という学名で呼ばれていたが，米国の研究者を中心にカエルの分類方法の見直しがあり，最近はこの学名で呼ばれている。

題はないが，飼育の管理が悪くて逃げ出したり，麻酔を施す前に実験台から飛び出し，見つけ出すのに困った経験のある人はいないだろうか．そのような場合どうすればよいか．「部屋の隅にある濡れ雑巾とか濡れたモップを探すとよい」という経験談が，まえがきで紹介した根付の所有者である石居氏の著書[2]に出ている．"濡れている"ことがポイントで，実験の直前に逃亡しロッカーの後ろに隠れてしまっても，翌日になると喉が渇き，雑巾の上で水を"飲んで"いるので，そこを捕まえよというのである．

　江戸時代の根付細工職人は非常に優れた自然観察眼を持っていたといえる．石居氏はたまたま立ち寄った根付の展示即売会で数点のカエルの根付を見たのだが，そのうちに草鞋あるいは草履の上に乗ったものが3点もあったそうだ．日本には根付を集めた美術館がいくつかあるが，芸術的に優れたものの多くは海外に流れてしまっているらしい．筆者はロシアのエルミタージュ美術館の根付コレクションをインターネットでのぞいてみた．すると，カエルをデザインした根付はかなりあり，草履の上に乗っているものも容易に見つかった．そのうちの一つは生物学的にとくに正確な観察に基づいていた．それは，カエルの姿勢である．カエルのからだを覆う皮膚のうち，とくに水分を吸収しやすい部分は腹部にあることを本書で解説していくが，それに合致した姿勢なのである．石居氏所有の根付ではカエルは45度前傾して座っているが，エルミタージュ美術館の根付ではさらに前傾を深めて，腹部の中央から尾側（びそく）（カエルに尻尾はないが）に向かう皮膚を草履に接触させている．

　江戸時代のにぎやかな街道筋の道端には，使い捨てられ，夕立などの水を吸った濡れ草鞋がたくさんあったそうだ．その草鞋にカエルがちょこんと座っているのが頻繁に見られたのであろう．しかし，江戸時代の人々はカエルがそこで水を飲んでいるとは想像できなかったのではないか．同じころ，ナポレオン1世（1769-1821）の時代のヨーロッパでは，ある若い研究者が現れ，カエルは座った姿勢でその腹部の皮膚を介して水分を吸収しているのだと，主張した．

1・2 ロバート・タウンソン（Robert Townson）
—イギリスのナチュラリスト

　その研究者はタウンソン（Robert Townson, 1762-1827）と言い，イギリス生まれの博物学者（ナチュラリスト）である．18世紀の終わり近くに，爬虫類と両生類における呼吸についてと，カエルにおける水の吸収について，二つの論文にまとめ，ゲッチンゲン大学へ学位の取得を申請した．これらの論文は「両生類の生理学的観察」という題でラテン語で書かれていた（1795年[3]）．そのあと，タウンソンはこれらの論文にもう一つの論文を加えて，英語で発表し直している．カエルの水分吸収に関する部分を紹介しよう．彼はゲッチンゲンのアパートで何種類かのカエルを飼っていたが，そのときの観察経験が学位論文のために実験をするきっかけになったと，論文の冒頭でつぎのように書いている．

　　———以下，筆者の訳文———
　寒い冬が来ようとするとき，一匹の大きなメスのヨーロッパアカガエル（*Rana temporaria*）を手に入れたので，水を入れた陶器製のつぼに入れ，私の部屋で飼い始めた．そのつぼはストーブのそばで暖かくしてあったので，カエルは冬眠しなかった．つぼは30 cm以上の深さがあったが，そこから出てきて私の部屋を歩き回るのだが，2, 3時間でもとに戻るのだった．カエルはほとんど毎晩のように出てきたのだが，翌朝には，つぼのなかへ飛び込んでしまっていた．このような行動は，隣の部屋から忍び込んで来たペットのハリネズミによって食べられてしまうまで，その冬ずっと続いた．そのあいだ，いくつかの観察ができた．私がつぼの水を補充するのを忘れたり，カエルがつぼの外で歩き回る時間が長くなってしまうと，カエルはやせ細って弱ってしまった．しかし，水を満たしたつぼに戻ると，あっという間にふくよかな体型を取り戻し，元気いっぱいになった．私はこれを見て，この動物を実験に使ってみようと思いたった．
　春になって，ヨーロッパアマガエル（*Hyla arborea*）を入手し，観察を始

めることができた。彼らはすぐに飼育環境に慣れ，水で満たしたボウルのそばにある窓(注*)からめったに離れることはなかった。もし離れてしまって，床に落ちるとすぐにやせ細ってしまった。その際，2，3時間以内に水のあるところに戻してやらない限り，衰弱してしまい，回復しなかった。空気が乾燥し暑い天気のときや太陽の光が彼らに直接当たるときには，日陰のあるところによく逃げ込んだが，もし，そうできないと，2，3時間のうちに水のあるところを探した。……（略）……私が水を入れたボウルを取り去ってしまい，木の板の上に水滴を垂らすと，アマガエルはからだをできる限りその板に近づけた。すると，彼らはまた膨らんだように見えた。

———訳文ここまで———

タウンソンはこのような観察をほかのカエルでも行った。その観察は粗いものであったが，カエルの世界における一風変わった水の経済学があるのだから，もっと研究する価値があると感じたと述べている。そして，吸収された水と蒸発した水の量を決定するため，次の実験を始めたと書いてから，具体的な実験結果を文章だけで記している。

1・3 デイモン（Damon）とミュジドラ（Musidora）
── 名前をもらった二匹のカエル

タウンソンは実験におもにヨーロッパアマガエルを使っているが，ヒキガエル（学名を明示していない）とヨーロッパトノサマガエル（ヨーロッパでよく見られる食用のカエル，*Rana esculenta*）も使っている。彼らの体重変化を時間を追って記録しているが，個々のカエルでの測定値を本文に組み込んで記載するなど，体裁は現代の自然科学論文とはかなり違う。実験方法を結果や考察と切り離して記載した章はない。面白いのは，18日間にわたってとくに観察した雄と雌の二匹のアマガエルには，それぞれデイモン（Damon）とミュジドラ（Musidora）という名前を"慰みのために"つけた

注*：おそらく窓のガラスは水滴で湿っていて，カエルはからだをそこにくっ付けていたのだろう。

と記している点だ．今日の自然科学研究論文では，実験動物に対し愛玩動物のような名前をつけたりはしない．

　二匹の名前は18世紀初めの英国の詩人，トムソン（James Thomson）が書いた詩集，『四季』（The Seasons，1730年）に出てくる男性と女性である．これに気付く読者はかなりの文学通であろう．デイモンは泉で水浴をするミュジドラを密かに見るのだが，彼の思いやりに引かれたミュジドラは結婚の約束をする，という内容である．裸になろうとしているところを見るのであるから，当時としてはかなりスキャンダラスな内容で，タウンソンはそれを面白がったのであろう．論文の内容に戻ろう．

　体重変化の実験観察を四つに分けて記載している．初めの三つは単純な実験である．第1番目の実験では，水を入れたグラスのなかにアマガエルが飛び込むと，わずか半時間で体重が 10.0 shot（shot は重さの単位で約 0.51 g）から 14.5 shot に増加するが，このアマガエルを水から一晩，離しておくと体重は 7.5 shot になってしまった．つまり，カエルは急速に水分を体内へ吸収する一方で，急速にそれを失ってしまう．次の実験では，別のカエルの体重を 4，5 時間ごとに量って，その変化を 3 日間連続記録した．3 番目の実験では，一晩水から隔離した結果，やせて体重 7.5 shot になったカエルを用意した．このカエルを，水をよく吸い込ませた吸い取り紙の上に乗せた．すると，このカエルは 1 時間半ものあいだ，そこに留まっていた．そして体重はおよそ2倍の 14.0 shot にもなっていた．論文では「このアマガエルは短時間にからだの下部表面だけを使って，自分の体重とほとんど同じ量の水を吸収した」とある．カエルはお腹で水を飲む—この現象の最初の記載である．

　4番目の実験は，まず2日間，水から隔離しておいた二匹のヒキガエルの体重を量り，このヒキガエルを3番目の実験同様に吸い取り紙の上に置いてやると，3時間で体重は20%増加したと報告している．そして，名前をつけたお気に入りの2匹のアマガエルを使って，ゲッチンゲンに滞在中の1792年の8月に体重の増加と減少を日誌に記録したと書き，その測定値が6頁にわたってベタ書きされている．ミュジドラについて記録の1頁を紹介しよ

MUSIDORA.

AUGUST.			SHOTS.
Friday	10.	At 5½ morning she weighed 20, she then ejected a little water, and at	
		7	19
		12	17
		4 afternoon	16
		7	15½
		10	13
Saturday	11.	6 morning	21
		10	20
		12	19
		3½ afternoon	17¼
Sunday	12.	6 morning	20
		10 night	14
Monday	13.	6 morning	20
		8	19½
		12	17½
		6¾ afternoon	15
		10	14
Tuesday	14.	6 morning she weighed 21, she then ejected a good deal of water, and only weighed 19¼	
		12 noon	17½

図 1　タウンソンの学位論文の一頁

う[3]（図 1）。これは学位論文をそのまま複写したもので，少しわかりにくいので，筆者が日本語化した表（表 1）も次頁に示そう。

　8月10日と14日の記録にある水というのは尿のことで，体重を量るためアマガエルをつまみあげると放尿したのである。体重の減少分は，膀胱に蓄積されていた尿量を示すことになる。このような記録が18日間，8月27日（月曜）まで続く。数値のほか，10日と14日の記録のように，尿量に関しての簡単な記述が挿入されている。

　現代の自然科学実験では実験結果が数値として得られたら，それをグラフ化し実験結果の考察に用いるのがあたり前だが，18世紀の後半，グラフ化

表1　ミュジドラについての記録の日本語化

8月	曜日	時刻		ショット (1ショット：約0.51g)
10日	金曜日	午前	5時半	20*
			7時	19
			12時	17
		午後	4時	16
			7時	15.5
			10時	13
11日	土曜日	午前	6時	21
			10時	20
			12時	19
		午後	3時半	17.5
12日	日曜日	午前	6時	20
		午後	10時	14
13日	月曜日	午前	6時	20
			8時	19.5
			12時	17.5
		午後	6時45分	15
			10時	14
14日	火曜日	午前	6時	21**
			12時	17.5

*午前5時半に体重は20ショットで，その後，彼女は少量の水を放出した。
**午前6時に体重は21ショットで，その後，彼女は多量の水を放出し，体重19.25ショットになった。

の必要性を唱える学者が現れてはいたが，グラフ化はまだ一般的ではなかった。そのためかタウンソン自身，得られた結果を十分考察できていたとは言えない。それを補うべく，タウンソンの得たデータを20世紀の研究者がそのままグラフ化し（**図2**），考察してくれている[4,5]。

　図2はタウンソンが報告した体重の測定値（1日に2〜5回測定）を点で示し，さらに直線で結んでいる。この直線の右下がりの傾きは体重の減少，すなわちアマガエルの皮膚から水分が蒸発する割合を示すことになる。1日のうちに徐々に下がった体重が翌日の朝には最大になっているのは，夜のうちにボウルのなかに飛び込んで水を吸収したためである。夜のうちに水を吸収しなかった場合は，8月16日と17日の記録が示すように，連続して直線は下がり続けている。このグラフで，小さくV字が付けてあるのは体重測

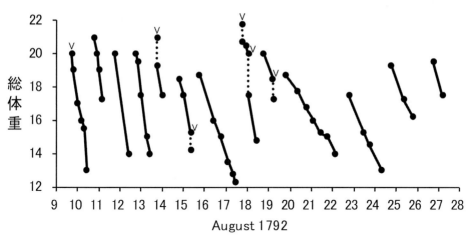

図2 アマガエル（ミュジドラ）の体重の18日間にわたる記録をグラフ化したもの。体重はshot単位で示されている。

定の際，放尿したことを示す．その結果，体重は減少する．垂直に引かれた点線（初めの測定と，放尿後の測定はほぼ同時なので垂直になる）は膀胱に貯えられていた尿の量を示すことになる（ただし，貯蔵できる最大量ではない．測定の際の偶発的放尿は全部出し切ったわけではない．1日に2回放尿した日もある）．図から，アマガエルは1日のうちに蒸発によって急速に水分を失うが，これを夜のあいだに一気に取り戻すことがはっきりする．

1・4 カエルは尿を飲む！
―ほかの動物とは異なる膀胱の役割

タウンソンがアマガエルで実験を行った当時，カエルの膀胱はほかの脊椎動物と同じく排泄器官の一部であり，尿を体外へ出すまで貯蔵しておくものであると，考えられていた．18世紀の研究者だけではなく，現代の読者の皆さんでもそのように（膀胱は排泄器官であると）思っているだろう．実は，カエルの膀胱は老廃物を貯めておいて，排泄するためだけの器官でない．タウンソンは，この意外な事実に気が付き，学位論文のなかで次のように述べている．

「観察を続けた結果，この動物はからだの大きさの割にはとても大きな膀胱を持っているが，決して尿を出すことはないとわかった。では，この液体，そしてそれを入れておく臓器はいったい何なのか。私にはよくわからないが，膀胱（bladder）は尿を入れておくもの，そしてその内容物は尿であると考える気にはならず，むしろ膀胱は水だめであり，その内容物は蒸散による損失を補うための純粋な液体であると考えたい。この液体は腎臓から分泌されるが尿として放出されるのではなく，発汗によって体の外へ行くとも考えられる。」（筆者による訳文）

　カエルの膀胱は貯蔵庫として機能し，その中味は排泄されないという，タウンソンの結論は図2の上でも読み取ることができる。1日のうちで体重の減少は徐々に進んでいるが，これは蒸発によって体内の水分が常に失われているためである。膀胱の中味が一度にたくさん体外へ出されることは通常ない。それがあるのは，カエルの体重を量るため加えられた圧迫など，2次的な原因があったときだけだ。ミュジドラの記録ではそれが6回起きている。膀胱の中味について，タウンソンははっきりした考察を加えていないが，「この液体が何であろうと，蒸留水のように純粋で味がない」と記している。彼はカエルのオシッコをなめて自分の舌で味わったようだ。このような科学者らしさを感じさせてくれる逸話は英国の医学史のなかにもあり，味覚の生理学を専門とする筆者はとくに興味をそそられる。17世紀の英国の医師で神経解剖学者でもあったウィリス（Thomas Willis, 1621-1675）は，糖尿病患者の尿を味わってみて，これが甘いことから Diabetes mellitus（真性糖尿病）を病名とした（mellitus は honey の意味で甘いこと，diabetes は siphon の意味で尿をたくさん出すこと）。

　図2を見ると，午後の7時や10時には軽くなった体重が翌日の朝6時には回復している。これは夜のあいだに水を吸収し（飲んで），膀胱に貯め込んだためであるが，その量は日によってかなりまちまちである。この理由についてタウンソンは何にも考察していないが，図2をさらにプロットし直すことで，次のように考察できる[4]（図3）。

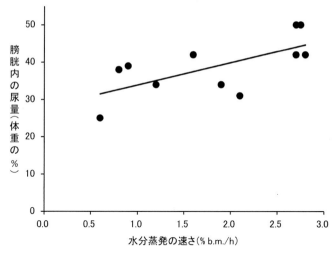

図3　アマガエル（ミュジドラ）が膀胱に貯めた尿の量と，貯め込む前夜での水分蒸発の速さとの関係

　図2での直線の右下がりの傾きは水分が蒸発する速さであるので，水を吸収する直前の傾きをグラフから求めて図3では横軸にプロットし，縦軸に膀胱に貯め込んだ尿量をプロットする（図3）。すると，二つの量のあいだに直線関係が見えてくる。つまり，蒸発量が多くなると，それだけ水をたくさん吸収し膀胱に貯えていることがわかる。これは，皮膚から水を吸収するという行動を起こすには，どのような要因がかかわっているのかを考えるヒントになりそうだ。

　膀胱が水だめであることの根拠として，タウンソンは次の解剖学所見をあげている。カエルでは腎臓から出る尿管は直腸に開口するが，膀胱に直接にはつながらない（図4参照[6]）。だから，膀胱には尿は貯まらないと考えたのだ。タウンソンの考えを支持する研究者が19世紀の前

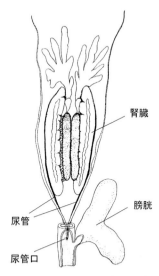

図4　ヒキガエルの泌尿器系

半にはいたが，支持しない者もいた．その根拠は，タウンソンのあげた解剖学所見を逆に捉え，尿管が開口する直腸の下部は総排出腔として機能し通常は閉じている，だから総排出腔に貯まった尿は膀胱へ確実に流れ込む，というものであった．また，カエルの膀胱に貯まった液体を化学的に分析し，尿であると結論した論文も出た[7]．19世紀の前半では，この問題は議論されなくなってしまった．カエルの解剖で非常に有名なドイツの解剖学者である，ガウプ（Ernst W. T. Gaupp, 1865-1916）がその著書 Anatomie des Frosches[8] のなかで「カエルの bladder を大きく膨らませる液体は尿であるかどうかという疑い，すなわち urinary bladder（解剖用語としての和訳は膀胱であるが，直訳すれば尿嚢）という名称がその名に値するかどうかという疑いは，今日なくなった」と述べるに至って，19世紀の末にはカエルの bladder は尿を貯める器官として機能することが再び確定し，それが水だめであるという考えは忘れられてしまった[5]．

1・5　忘れ去られた先駆者の研究

　タウンソンは論文の最後のパラグラフで，「私は，新しい研究課題を見出したものとして後世，評価されるのを期待する」と書いているのだが，その通りにはならなかった．彼は，1）両生類は必要な水分を口から飲むのではなく皮膚を通して吸収して得ること，2）膀胱が水を貯める役割を持つこと，の二つを発見したが，このことを引用した論文は19世紀の前半，わずかにあったものの[注*]，きちんと理解して引用したものではなく，やがてそれもなくなってしまった．19世紀の終わりから20世紀の初めにかけて，生体膜での浸透圧が研究分野として確立し，カエルの皮膚が実験のモデルとしてよく使われようになったのだが，タウンソンの研究は完全に忘れ去られていた[注**]．カエルの皮膚を介しての水の吸収について，タウンソンの研究が正しく引用されるようになるには，20世紀半ばまで待たねばならなかった．

注*：その一つに Edwards（1824）があり，タウンソンの観察を再確認している．しかし，両生類の生活の特殊性を生物学的に正しく理解し，引用したものではなかった．詳しくは第3章で触れる．

1・5 忘れ去られた先駆者の研究

　一方,カエルの膀胱の役割については,完全に忘れ去られたわけではなかった。注目した科学者がいた。それは,かのダーウィンである。ビーグル号航海記(1839)のなかで,アルゼンチンの乾燥地帯(バイア・ブランカ,Bahia Blanca)での観察として,水がほとんど得られない環境で生活する小さなヒキガエル(キマダラフキヤガマ[注***])はわずかな湿り気に頼って生活していて,必要な水分は露から得ているに違いない。これを吸収するには,皮膚を使うのだろう,と記している。しかも彼らの皮膚にそのような力があることは"知られたことだ"としている。残念ながら,タウンソンの研究を引用することなどはしていない。

　ダーウィンはガラパゴス島では巨大陸ガメの生態を観察し,生物進化を考える材料にしたことはよく知られている。彼は,このカメは春になると水場で水をたくさん飲み,膀胱をいっぱいに膨らませるのだが,その体積は徐々に減っていくと記録している。そして,カエルの膀胱は生存のため必要な水を貯える機能を果たしているという事実は,広く認められているが,これは巨大陸ガメにもあてはまるだろうと言っている。ガラパゴス島の生物における環境適応を考える上で,ダーウィンが持っていたカエルの水飲みについての知識は重要な意味を持っている。

　これらのことから,19世紀後半では,陸上生活をするカエル類は膀胱を水がめとして使っているという考えは,ダーウィンを始めとしたナチュラリストのあいだでは一般的であったと推測されている[5]。

注**：その原因の一つとして,彼は学位論文の研究をそのあと継続しなかったことがあげられる。学位論文の研究とおそらく並行して,フランスとオーストリアを訪問旅行する。さらに,ハンガリーへ広汎な旅行をするのだが,そこでの魚市場で見た食用ガエルについての記述を含んだ旅行記(1797)を残している。タウンソンのそのあとの経歴は変わっている。1807年にオーストラリアのシドニーへ渡り,そこで広大な土地を得て入植する。当時,最も高い教育を受けた知識人として知られていたようだ。インターネットを通じて彼の肖像画を見ることができる[9]。

注***：このカエルの和名は,荒俣訳,新訳ビーグル号航海記上による[10]。学名について,荒俣はフリニスクス・ニグリカンス *Phryniscus nigricans* としている。

1・6　カエルと生理学

　タウンソンの研究はおもにカエルの行動観察に基づくものであった。1795年の学位論文のなかで，腎臓から出ている尿管が膀胱に直接にはつながらないことやカエルの皮膚直下に見られる血管系について言及しているが，自らこれらの組織の構造を調べたわけではなかった。

　皮膚の組織構造と対応させて水分の吸収のしくみを明らかにするには，細胞が生物の構造および機能的単位であると主張されるようになる1800年半ばまで待たねばならなかった。そのような主張をしたシュライデン（Matthias J. Schleiden, 1804-81）やシュワン（Theodor Schwann, 1810-82）による顕微鏡を用いた研究はよく知られている。その成果はまだ十分ではなかったが1800年代，カエルは生理学[注*]のよき実験モデルとして使われ，組織を介して水分がどのように吸収されるのか，研究され始めた。その歴史を紹介する前に，カエルがどのようにして水分を獲得するのか，彼らの独特な行動を次に紹介しよう。

注*：生物のからだの臓器や組織の構造を調べることによって，それらの働きを考察する「解剖学」に対し，その働きそのものを調べることによって，生物での一般的な原理を導き出そうとする研究分野が「生理学」である。

2. 水を巡るカエルの生存戦略

2・1　カエルと生息環境

　カエルがすんでいるところについて，われわれの多くは，穏やかな気候の地域で水のそばか湿地帯，というイメージを持っているのではないか。カエルを"水辺の隣人"と表現する研究者もいる[11]。日本ではそのとおりであるが，広く世界を見渡すと，水辺と呼ぶような場所が見当たらない乾燥地帯にすむカエルもいる。そのような環境下で彼らがどのようにして飲み水を得ているのか，具体的な行動を紹介しよう。あわせて，そのような環境で生き抜いていくための彼らの工夫も示そう。

　カエルは，その生息環境に注目すると，四つの型に分けることができる。アフリカツメガエル（*Xenopus laevis*）のように終生水中で生活する，水生型。ウシガエル（*Lithobates catesbeianus*）やトノサマガエル（*Rana nigromaculata*）のように池から出たり入ったりの生活をする，半水生型。ニホンヒキガエル（*Bufo japonicus*）のように幼生（オタマジャクシ）の時期以外は陸上で生活する，陸生型。そして，ニホンアマガエル（*Hyla japonica*）のように低木や草むらのなかにすむ，樹上生型である。本書ではこの四つの型で，カエルの生息環境を表現する。

2・2　前方開脚姿勢で水を吸収／アカモンヒキガエル

　北米の南西部にはモハーヴェ砂漠（Mojave Desert）と呼ばれる乾燥地帯がカルフォルニア，ユタ，ネバダ，アリゾナの4州に広がっている。ここに生息し，ヒキガエル科（Bufonidae）とスキアシガエル科（Pelobatidae）に分類されるカエルたちは，この環境で生き延びるために面白い行動を発達させて

いる。

　カジノで有名なネバダ州ラスベガスは砂漠に囲まれた巨大観光都市で，コロラド川をせき止めたフーバーダムからもたらされる豊富な電力と水で，人々の生活が支えられている。その近郊に行ってみると，この地方特有の赤茶けた山肌に囲まれた乾燥地帯が広がり，低潅木がまばらに茂るほか，背の高い植物はヨシュアノキ（Joshua, *Yucca brevifolia*）というリュウゼツラン科の植物が目立つ（写真2，3，口絵1の上段と下段）。ここには泉や池はなく，生物の生息に適した環境には見えない。しかし，ここにアカモンヒキガエル（*Anaxyrus（Bufo）punctatus*，写真4，口絵2の上段）という，きれいな斑紋を持つ小さなヒキガエルが生息している。写真で示した場所では，春には雪解け水が峡谷からわずかに流れるが，普段は伏流水となってしまう，川とはいえないような小川（クリーク，creek）がある。これが彼らの命綱だ。

写真2　ヨシュアノキ　（カラー口絵1の上段参照）
傍らに立っているのは共同研究者の静岡大学竹内浩昭氏
（ネバダ州のスプリングマウンテン州立公園にて）

写真3 遠くにファーストクリーク渓谷を望む乾燥地帯（カラー口絵1の下段参照）（ネバダ州のスプリングマウンテン州立公園にて）

写真4 アカモンヒキガエル（カラー口絵2の上段参照）

 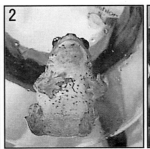 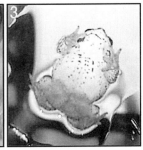

写真5 アカモンヒキガエルの水吸収反応（カラー口絵2の下段および5・8節参照）
1：初め，水で濡れたガラス板の上に自然な姿勢で座っている。
2：次に，腰を落とし，大腿部と下腹部の一部をガラス板に接触させている。
3：さらに，後肢を大きく広げ，接触面積を増やして皮膚から水分を吸収している。大腿部の周囲に水がまとわりついているのが，光の散乱で見てとれる。

　アカモンヒキガエルは体内の水分が減り喉が渇いてくると（脱水と表現する），お腹の皮膚を水に接触させ，水分を吸収する。実験室内でその行動を観察するため，アカモンヒキガエルを水から一晩隔離しておくと，体重は10%も減少し，十分脱水させることができる。ガラス容器の底に水を少量滴下しておき，そこへこのカエルをそっと置いてやる（写真5の1，口絵2の下段[12]）。喉をからしたカエルは逃げ出すこともしないで，下腹部の端を少し下げ水に接触させた姿勢を維持する（写真5の2）。しばらくして，吸収してもよい水であるかどうかを感知すると（これについては本書の第6章と第7章で詳述する），下肢の左右大腿部を水平に180度広げた姿勢を取る（写真5の3）。さらに胸部もガラスの底に密着させている。写真でみるとガラスに面したからだ全体が扁平になっているのがわかるであろう。水との接触面積を最大にし，水分をできるだけ早く取り入れようとしているのだ。街道筋に捨てられた草鞋の上に座っているヒキガエルを見ても，水を飲んでいるのだとは想像できなかった江戸時代の人たちも，このアカモンヒキガエルの姿勢[注*]を見れば，ただ座っているだけではないとわかったのではないだろうか。
　アカモンヒキガエルはクリークの水に産卵するが，そこにずっと留まるこ

注*：このような姿勢を取ることが行動の定量的評価の助けとなることを第5章と6章で紹介する。

とはしない。動きまわる行動範囲は広く、餌を求めてクリークから100m近くも離れることが観察されている。この乾燥地帯では7～8月の昼間の温度は40℃を越えるので、皮膚からの水分の蒸発を避けるため、その行動はもっぱら夜間である。クリークを離れての長時間の行動を可能にしているのは、タウンソンの2番目の発見である、膀胱での貯蔵だ。アカモンヒキガエルは体重の40%もの水を薄い尿として膀胱に貯えることができる。また、これを使い切っても、しばらく生きていられるほど乾燥に対して強い。

2・3 カエルの皮膚の構造

　カエルは分類学では両生類のなかで無尾目（尻尾がないという意味）に分類される。両生類のなかには、そのほかに有尾目（尻尾がある）に分類されるサンショウウオのなかまがいる。さらにあまり馴染みはないであろうが、無足目（足がない）に分類されるものがいて、アシナシイモリに代表される。いずれの目（もく）にも陸上生活をすることができる種が含まれているが、一般的にいえば高温で乾燥した砂漠は彼らにとって生活に適した環境ではない。その理由は両生類一般が持つ、皮膚の構造にある。陸生脊椎動物（爬虫類、鳥類、哺乳類）は、からだを乾燥から守ってくれるような皮膚を持つが、両生類はそうではないからだ。

　ここでカエルの皮膚の構造を説明しておこう。皮膚は**図5**に示すようにいくつもの形の異なる細胞が層をなしている[13]。一番外側の細胞は角質層をつくり、ここは絶えず表層からはげ落ちていく部分である。その下は解剖学的に三つの層に区別され（上から顆粒層、有棘層、胚芽層）、ここまでがいわゆる表皮である。その下は真皮と呼ばれ、色素細胞、血管、そして神経の大部分が分布している。角質層は単一の細胞層（一個の細胞が横に並ぶが、上下にはつながらない構造）からなり、水に対して高い透過性（水をよく通すということ）を持つ。角質層以外の細胞も透過性を持つが、これについては3章以降で詳しく述べる。これらの透過性のおかげで、カエルはお腹で水を飲むことができるのだが、水の流れの方向を逆に考えると、カエルの体内の水分は角質層を通って蒸散しやすいことになる。一方、ヒトなどの哺乳類

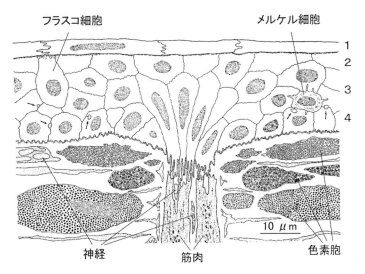

図5 カエルの皮膚の構造 1〜4は順次，角質層，顆粒層，有棘層，胚芽層の位置を示す．図中の小さな矢印は細い神経線維の断面を指している．

では，角質層の細胞は何層（からだの部分によるが3〜7層）にも積み重なり，いわゆる角化する．そうしてできた角化層はその特異な構造と構成成分のために丈夫で水を通しにくい性質を持つ注*．この角化層のおかげで，われわれの肌は乾燥から免れるし，逆にプールで長時間泳いでも水ぶくれになることはない．

2・4 地中に潜る / スキアシガエル

北米の南西部では季節的な雨（モンスーン）が夏に降るが，1年のうちで一番大切なこの時期を逃してしまうと，次の吸収の機会は翌年ということもある．そのような場合は，からだから出ていく水分を減らさないと生きていけない．アリゾナ州の南西部に生息するコーチスキアシガエル（*Scaphiopus couchii*）は雨季のあと地下に穴を掘って1年待つ[16]（図6の左上）．土壌は地上の熱を遮断してくれるし，多少の水分を土壌から得ることはあっても，

注*：この点に興味のある読者は田上1997[14]，傳田2009[15]の新書を参照するとよい．

失うことはほとんどない。スキアシガエルという名前は，後肢の一部が鋤（スキ）のような形をしていることに由来する。これを使って，面白いことに後ろ向きに穴を掘る。1mもの深さに穴を掘っている個体を発見することもある。

2・5　繭を作る / マルメタピオカガエル

　地中に穴を掘るだけでは十分でなく，水分の蒸発を防ぐため，からだの周りに繭を作るカエルもいる[16]（図6の下）。南米のアルゼンチンからパラグアイにかけて広がる半乾燥地帯（グランチャコ地域）に生息する，マルメタピオカガエル（*Lepidobatrachus laevis*）である。

　カエルの皮膚の最も外側にある角質層の細胞は定期的に剥がれ落ち，皮膚の下の層からできてくる細胞に更新される。ところが，マルメタピオカガエルでは，乾燥時にはこの細胞は剥がれ落ちず，皮膚の上に残る。これが繭の原料となるのだ。雨季が来て雨が降り，その繭が湿ってくると，このカエルは両肢を使って，からだの後部から頭上へ繭を巻き上げていく。そしてこれを残らず食べてしまう。

2・6　皮膚にワックスを塗る / ソバージュネコメガエル

　グランチャコ地域には乾燥地帯に適応するため大変面白い工夫をしているカエルがいる。皮膚からの蒸散を防ぐため，からだの表面に脂質を含むワックス様の物質を塗りつけるソバージュネコメガエル（*Phyllomedusa sauvagii*）である[16]（図6の右上）。このカエルは本章のここまでで紹介したカエルとは違って，地面で生活するのではなく，木の上で生活する樹上生である。小さい小枝にしがみついたまま，4本の肢を器用に使って，皮膚の分泌腺から出てくるワックスを全身に塗りつけるようすが観察される。この物質でいったん覆われたカエルはプラスチックでできたように見えるらしい。似た生息環境を持つカエルとして日本では，モリアオガエル（*Rhacophorus arboreus*）がいて，木の葉っぱに産卵する生態はよく知られているけれども，ソバージュネコメガエルのようにワックスを塗りつけることはしない。

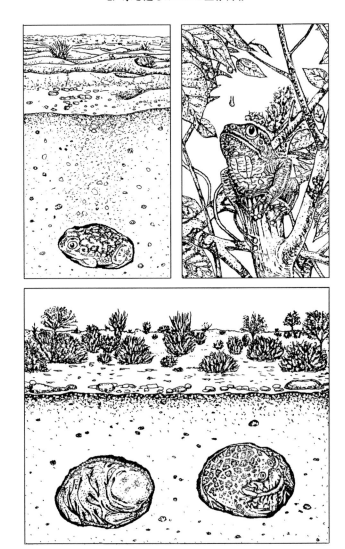

図6 水分の蒸発を防ぐ工夫をするカエル
左上：地中に潜るコーチスキアシガエル 右上：皮膚にワックスを塗るソバージュネコメガエル
下：繭を作るマルメタピオカガエル

ソバージュネコメガエルの生息環境は乾燥地帯であるが，夏には季節的な降雨がある。量は少ないが，木々の葉っぱを濡らし水滴を落とすだけの量はある。しかし，皮膚にワックスを塗ってしまっては，皮膚からの水分吸収を

妨いでしまう。ではどうやって水分を吸収するのかというと，驚いたことに水を口からきちんと飲むという。カエルを実験室に持ち込み小さな枝に止まった姿勢を取らせる。その頭に水滴をたらしてみると，鼻先を上げた姿勢を取り，口を少し開けた。直後に体重を量ってみると，増加していた。水を口から飲んだことをさらに確認するため，色素を混ぜた水滴を垂らし，同じ実験を行った。そして，かわいそうだが解剖して調べてみると，口腔内と消化管が色素で染まっていたので，確かにこの水を口から飲んでいたといえる。

このカエルは腹部の皮膚から水分を吸収できることが知られているので，そこから吸収した可能性もある。そこで，頭でなく背中に水滴を垂らしてみたが，体重の増加はわずかであった。また，背中に水滴を垂らしたときは頭に垂らしたときとは違って，頭をもたげ水を飲みやすくする姿勢は取らなかった。ソバージュネコメガエルは口を使って水滴を飲み込んだことに間違いはない。この行動を観察した研究者は，このカエルを"水を飲むことの知られた唯一の無尾類である"と報告している[17]。

2・7　霧を集めて飲むカエル / イエアメガエル

乾燥地帯ではなかなか得にくい水を意外なところから集め，体内へ取り込んでいるカエルの生態が最近報告されている[18]。どこから集めるかというと，大気中の水蒸気からである。水蒸気からどうやって水を得るのか，少し詳しく紹介しよう。

北オーストラリアではある程度の雨は降るが（5－9月の総雨量が約12 mm），1年の多くは乾季で，6－8月の降雨量はゼロである。このような乾季でも活動しているカエルがいるが，その多くは水場の近くすむ。しかし，イエアメガエル（Litoria caerulea）と呼ばれる樹上生のカエルは水がほとんど得られないような地域で生活している。面白いことに，彼らは温暖で湿り気のある夜だけではなく，気温の低いときも活動する。最も低い場合，その温度は12.5℃だという。このカエルの生存限界の温度は11℃なので，12.5℃では活動量は最大活動時の20%にしかならない（説明するまでもなく，両生類は変温動物）。だから，夜動き回るのは餌を求めての積極的な行

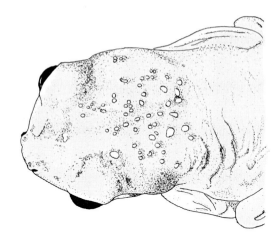

図7 結露してできた水滴が頭に付着しているイエアメガエル

動ではないだろう。では，何のために？ オーストラリアの研究者は，大気中の水蒸気が凝結し，からだに付着するのを飲み水として利用するためではないか，と考えた。そう考えたのは，砂漠にすむトカゲやクモ類のなかに，水蒸気の凝結を飲んで，生存に必要な水を獲得する種があることがよく知られているからだ。

このカエルのからだの表面に凝結ができるのか。そしてそれを吸収しているのかどうか，実験してみた。日中の彼らの生息場所をまねて，直径1mのユーカリの木を用意し，内部に洞を作っておく。からだを冷やして（12 - 18℃）おいたカエルをこのなかに入れ（内部の温度は25℃前後），15分待って観察すると，カエルのからだには水滴ができていた（図7）。しかも，頭の部分にたくさんできていた。あらかじめカエルの体重を量ってあるので，水滴の付いたカエルの重さの差を計測すると，体重の約1％相当（0.4g）の水滴が付いていた。水滴ができるには，カエルの体温と洞との温度差が8℃もあれば十分であった。このカエルがこうして得る水分は量的には多くはないが，カエルが皮膚から蒸散によって失うと推定される量より，ずっと多い。

この水滴をカエルは実際に飲むのだろうか。ソバージュネコメガエルのよ

うに，口を動かす動作は観察されていないので，皮膚から吸収されるのだろう。研究者はそのように考えて，色をつけた小さな水滴を背中の皮膚に落としてみた。30分で水はほとんど見えなくなったが，皮膚の湿り気を吸い取り紙でぬぐい取ってから，体重を量ってみると，水滴の約60％が体内へ吸収されたものと推定できたので，やはり皮膚から吸収されたに違いない。

北オーストラリアでは夏でも夜間は気温がかなり下がる。一方，ユーカリの洞のなかはそれほど下がらない。だから，このカエルが夜のあいだ，外に留まることで体温を下げ，そして洞のなかへ戻ってくると，そこは湿度が高いので水蒸気が凝結するはずである。18世紀タウンソンのころから，カエルが水分を吸収するのはもっぱら腹部の皮膚を通してと考えられているのだが，凝結でできた水滴は背中の皮膚に付着している。これはちょっとした矛盾であろう。オーストラリアの研究者は背中の皮膚にも水に対する透過性があるのであろうと考察してはいるが，実証したわけではない。カエルの皮膚での水の透過性に関しては，からだの部位による違い，またカエルの種類による見られる違いがあり，これについては第4章と5章で詳しく述べる。

2・8 水を節約する

生物のからだの構成成分で一番多いのは水（化学的にはH_2O）であり，たとえばヒトの体重の60％は水である。水は単に生体の構成成分として必要なのではない。生体内での代謝活動によって生じた老廃物を水に溶かして，尿という形で体外へ排泄するために必要なのである。ヒトは体重のおよそ2％にあたる尿を毎日，体外へ出している。この尿の量を減らせれば，水を摂取しにくい環境にいる生物にとって有利になるはずだ。

ヒトなどの哺乳類では，タンパク質など窒素を含む化合物は分解されて，尿素という老廃物となる。血液中に溶けている尿素は，腎臓において血液中の有効成分と分けられ，水に溶けた形で排泄される。その量は非常に多いので，含まれる水を再び血液へ戻すしくみ（再吸収）が腎臓に備わっている。ヒトの場合，腎臓で分けられた老廃物を含む溶液中の水のうち99％を血液中に再吸収している。砂漠にすむネズミ類（げっ歯類）はヒトの尿より濃縮

した尿を作ることができ，さらに水を体内へ取り込む。排泄するのに水をほとんど使わない動物もいて，鳥類と爬虫類がそれである。彼らは老廃物を，窒素を多く含む尿酸を合成することによって排泄する。尿酸は水に溶けにくいので，固形の沈殿物として体外へ捨てられる。トリの排泄物にはべちゃっとした白いものが混っているのをよく眼にするであろう。尿酸である。

2・9　究極の飲み方—尿の再利用

　カエルはどうであろうか。哺乳類と同じように尿素を作って排泄するのが一般的である。しかし，2・6節で紹介したソバージュネコメガエルは尿素だけでなく尿酸も合成し，その割合は窒素を含む老廃物の80%になることが報告されている[16]。したがって，鳥類と同じように，排泄に伴う水分の損失を少なくできる。このほかにも数種類のカエルで，排泄のために尿酸を合成することが知られているが，尿酸の量はソバージュネコメガエルほどは多くない。

　尿酸を作れるソバージュネコメガエルは例外として，そのほかのカエルは尿素を作り，尿に溶かして排泄しているわけだが，この尿の濃度を血液以上に濃縮することができない。だから老廃物の排泄するため，総量として水をたくさん必要とする。これは水の少ない環境に生息するカエルにとっては大変なことである。皮膚からの蒸散を防ぐ工夫をし，さらに必死で水を吸収しても水分が足らなかったらどうしたらよいか。それは膀胱に貯まった水分を再利用することである。これこそ，究極の水の飲み方ではないか（膀胱膜を介して水分は直接，体内へ広がっていくので，口で飲むわけではないが）。

　18世紀末，タウンソンはこの究極の水飲みを想像したわけだが，水が漏れてはいけない膀胱から，どうして水分が体内へ移動できるのかは全くわからなかった。実は，カエルは喉が渇いた脱水状態になると，膀胱を作っている細胞の膜が水を通しやすくなり，皮膚の細胞膜にも同様の変化が起こる。このしくみが明らかになるには，実に200年を要した。その研究の流れを，次の章で追うことにする。ここまでの章とは違って，少し難しい話になるが，我慢していただきたい。

3. カエルはお腹でどうして水が飲めるのか

3・1 カエルはよい実験モデル

　タウンソンの研究のあと，19世紀の前半では，いろいろな種類の動物が持つ固有の行動や生理機能に触発されて始める，自然史や生理学の研究は衰退していった。しかし，動物を使った実験自体は廃れたわけではなかった。逆に，動物を使った実験はどんどん盛んになっていった。実験生理学や医学の分野から動物実験の必要性が叫ばれていたからである。

　とくに医学の分野では，下等な動物での実験が，哺乳類そして最終的にはヒトの持つ機能を明らかにするのに役立つと考えられた。いろいろな動物は外見的には違っていても，共通の機能を持つ器官や組織で生命を維持していて，そこには共通の原理が働いているはずであるから，それを明らかにしようとしたのである。このような立場を取る生理学をとくに一般生理学と呼ぶ。一方，動物の個々の器官が個体のなかでどのように働いているかを重視し，そのしくみが動物ごとに違うのはなぜかを考えていくのは，比較生理学と呼ばれる。

　生理学ではカエルは19世紀，最もよく使われた実験動物であった。その流れは20世紀半ば過ぎまで続く。しかし，今日では主に学生実験のために使われる動物となってしまい，研究用の実験動物の主流ではない。代わりに，ヒトにより近いということや，遺伝子を用いた実験手法を持ち込みやすい，という利点のあるマウスが頻繁に用いられるようになっている。

　カエルが使われた理由は，手に入れやすいことと丈夫なことである。当時なら，カエルは野外で簡単に採集でき，ただ同然であったろう（現代ではそ

うは行かず，学生実験に使うウシガエルは採集を依頼すると 1 匹 1,000 円を越える）。カエルを長期間飼うのであればハエなどの生きた餌をやらなければならない面倒があるが，短期間なら，水を忘れなければしばらく生かしておくことは容易だ。生きてさえいれば，一般生理学の実験に使える。筋肉の収縮の研究にはカエルのからだから切り出した筋肉が使われるが，実験が何かの都合で中断されても，筋肉を生理的食塩水に浸けておき，4—10℃に保っておけば翌日も使える。カエルは冷温動物なのでこんなことができるが，マウスではできない。

今日では実験動物に余分な苦痛を与えてはならないなど，取り扱いに注意することが常識であり，法律的な保護規制もある。しかし，かわいそうなことに，このような保護はカエルにはあてはまらず，法律的な規制の対象は爬虫類以上の動物だけである。筆者は今でもカエルを研究に用いているが，規制がないからといってカエルを粗雑に扱っているわけではない。麻酔をかけて実験に用い，個体数が急速に減少しつつある両生類に注意を払っている。しかし，一般生理学が始まった当時は数を気にすることなく，全く自由に使えた。カエルは実験のために最もいじめられた動物で，19 世紀の自然科学の殉教者と呼ぶ人もいる[5]。

3・2　カエルの皮膚と温泉

19 世紀に入ってから，カエルのからだから水分が蒸散することや，脱水させたカエルは逆に皮膚から水を吸収することを観察した生理学者が現れた[19]。この生理学者は"カエルの皮膚による水飲み"の第二の発見者とみなされるが，タウンソンの論文を知らずに実験したらしい。細胞膜の持つ"透過性"や"吸収"のような性質を研究するにはカエルが最適と考えさまざまな実験を行ったのだが，カエルにおける水の意味を十分理解していなかった。それは，彼は膀胱に貯められた尿のことに全く触れず，水は皮膚から吸収され，そして皮膚から滲出する（にじみ出る）と考えたことに現れている。当時すでに，腎臓—尿管—膀胱という機能的なつながりは知られていたにもかかわらず[注*]，カエルが何のために水を吸収するのか，その水はどこ

3・2 カエルの皮膚と温泉

へ行くのかなど全体像は考えなかったようだ。

19世紀後半には，カエルの皮膚での水分吸収の第三，第四の発見者ともいわれる研究者が続いた[20]。彼らはどうしてカエルの皮膚を介しての水の吸収に関心をもったのだろうか。それは当時のヨーロッパでは温泉学が流行していたからだった。温泉学というと，今日ではどの温泉の湯がよいかなど，自然科学というより観光，社会学の要素が強いが，当時のヨーロッパでは温泉に入ることは純粋に医療として捉えられていて，温泉浴からもたらされる治療効果の研究を温泉学（Balneology）と呼んだ[余談1]。だから，入浴することにより，どのような成分が皮膚から吸収できるかは，重要な研究課題だった。その吸収の機構を研究するには，カエルの皮膚は格好の実験材料だったのだ。

余談1：ヨーロッパで温泉学が盛んだったことを知ると，明治の初期に来日し，日本の医学の近代化に貢献したベルツ Erwin von Bälz（1849-1913）がその滞在中（1876-1905）に日本の温泉を研究した動機が読める。彼は草津温泉など日本の温泉を訪ね，自ら入浴し，また日本人の入浴法を観察した。とくに日本人が長い時間入浴する習慣があること知り，ドイツの温泉でもこれを広めたいと考えた。ベルツは草津に療養所を作りたいと，5,700坪の土地まで購入したそうである。彼はまた，日本の伝統美術工芸品の収集に努めたが，河鍋暁斎を高く評価したという[21]。

カエルでは総排出腔に細い管を差し込むことによって，簡単に排尿させることができる。19世紀後半の研究者たちは，これを毎日行って膀胱に尿が貯まらないようにしてやると，カエルは皮膚から水分吸収を続け，その量は数日で体重の10-20倍にもなることを見出した。さらに，皮膚に接触する水を食塩水に置き換えると吸収量は減り，その濃度をさらに上げると，水分

注＊：イタリアのマルピーギ（Malpighi）は1662年に腎臓の糸球体を発見しているし，1842年にはイギリスのボーマン（Bowman）は糸球体の構造を顕微鏡で詳しく観察して発表している。

逆にカエルの体内から外へ出て行ってしまうことも観察した．そして，これらの現象を19世紀のなかごろから提唱された"浸透圧"の概念で説明した．

温泉学者の実験方法は，生きたカエルを使い，その体重変化を測定することによって水分の移動を知る，というタウンソンの実験方法と変わらないものだった（研究の内容的にもそうだった）．移動の機構をさらに解析するには，皮膚を取り囲む環境を自由に変えてやる必要がある．そのためにカエルの皮膚をからだから切り離し，ガラス器具に装着し実験する（in vitro の実験という）ことが試みられるようになっていく．その内容は，3章の8と9節で述べる．

その話の前に，温泉学者の時代を少しだけ遡って"浸透圧"の発見の歴史を振り返っておきたい．浸透圧は高等学校の生物学では，ごく初めに扱われる事項であるが，簡単なように見えるがわかったようでわからない現象なのではないか．それは，浸透圧は生物で見られる重要な現象であるが，その理解には物理化学の知識が必要だからだ．

3・3 デュトロシェによる浸透圧の発見と測定法

浸透圧（あるいは浸透現象と言ってもよかろう）自体は物理現象であるが，生物の生存にかかわる非常に重要な現象である．動物の組織を介しての水の移動を観察し"浸透（osmosis）"という言葉で最初に説明したのはフランスのデュトロシェ（Henri Dutrochet 1776-1847）である．彼はフランス革命の直後，26歳のときパリで医学を学んだあと開業したが，博物学（動植物の自然科学）への興味を持ち続け，顕微鏡によって細胞を観察していた[22]．

細胞に含まれる水分に関心を持っていたデュトロシェはブタから取り出した膀胱を調べていたが，たまたますぐには実験に使わず，しばらく水中に投げ込んでおいたという．すると，膀胱はパンパンに膨らんでしまった[23]．そこで，今度はニワトリの盲腸を材料とし，このなかに牛乳やシロップなどの溶液を詰め，開口部を固く縛り水中に置いたときの変化を観察した．

さらに，このような変化（水の移動）を定量的に測定するための装置，浸

透圧計（osmometer）を考案した。その装置は高校の生物の教科書などで浸透圧の説明に使われる図に出てくるものに近かったようだ（図8）。その装置をデュトロシェが手で持っている肖像画が残されているのだが，彼の姿なりはわかるものの，画の一部が損なわれていて装置の細部が確認できない（筆者はその肖像画の実物を見る機会を得ていない）。そのためか，彼は浸透現象の発見者でありながら，現代の教科書ではその名前すら出てこない。

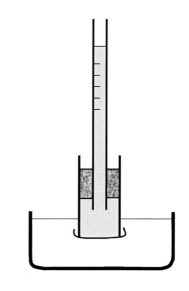

図8　19世紀初めに考案された浸透圧計
文献の記載を反映するように筆者が描いた図

　デュトロシェの浸透圧計では，中央のガラス器の底に膀胱膜が貼り付けてあり，ガラス器の上部はコルクで栓がされていて，その真ん中に目盛りを付けたガラス管を通してあった。ガラス器のなかに実験する溶液（牛乳，酸やアルカリの溶液，塩類溶液など）を入れ，このガラス器全体を純水で満たした容器内に置く。すると，ガラス器の溶液量が増えることが，目盛りの上昇で読み取れた。彼はこれを水がガラス器へ移動したためと考え，これを内向き浸透（*endoosmosis*）と呼んだ[24,25]。

　水の移動は速かったが，彼はこの移動のあと，ゆっくりした移動が逆の方向へ起こることも見て，これを外向き浸透（*exosmosis*）と呼んだ。膀胱膜に方向性があって水がガラス器の方に移動しやすいわけではないことは，溶液と純水を入れ替える実験で示された。彼はこのような移動の原因として，膜をはさんだ二つの溶液の持つ濃度の差を考えた。

3・4　カエルの皮膚での水の移動

　浸透をカエルの皮膚で初めて観察したのは，もう一人のフランス人，マテュシ（Matteucci）である．彼はデュトロシェの浸透圧計を使ったが，カエルの皮膚をカエルのからだから切り離して，浸透圧計中央のガラス器に装着した[26,27]．カエルの皮膚は水を皮膚のどちらの方向へも通すことがわかった．しかし，その速度はガラス器の内部の溶液に皮膚の体表側か体内側のどちらを接触させるかで異なり，カエルの皮膚の体表側をガラス器内の溶液に接触させた場合に，より早く水がガラス器内へ（すなわち皮膚の<u>体内側</u>[注*]<u>から体表側へ</u>）移動した（二つの方向への移動はデュトロシェがすでに観察していたが，マテュシは皮膚が非対称性の透過性を持つことを発見したことが新しい）．

　彼の実験で水をより早く通した方向は，のちに英国のリード（Reid）が明らかにすることになる方向とは逆であった（リードについては後述する，3章の8と9節）．このような水の移動と同時に，ガラス器内を満たしていた生理食塩水は水の移動とは逆，すなわちガラス器の外へ移動した．それをどのようにして確認したかというと，皮膚を装着してあるガラス器を取り囲む水に，あらかじめ硝酸銀（$AgNO_3$）を混ぜておいたのである（硝酸銀は食塩と反応すると塩化銀 $AgCl$ の沈殿を生じるので，沈殿は食塩が外へ出てきたことを意味する）．これは，塩素イオン（Cl^-）とともにガラス器の外へ移動したナトリウムイオン（Na^+）を間接的に測定したわけで，重要な観察であった．

　タウンソンがカエルの水分吸収についての学位論文を書いたのはデュトロシェの実験の30年ほど前なので，浸透という概念はまだなく，タウンソンは皮膚という組織を介して流れる水の移動を研究していたことになる．この移動の機構は，組織を構成する細胞を直接観察することで，さらに調べられていく．そのために必要な顕微鏡は，ずっと以前に英国のロバート・フック

注＊：体内側とは皮膚の真皮の側（カエルの体内に近い方向）である．

(Robert Hoocke, 1635-1703) によって発明されていたが，彼がコルクの切片で見た小さな小部屋，"細胞 (cell)" は本当の細胞ではなく，植物に特有な維管束という管状組織を断面で見たものだった。現代のわれわれが理解している細胞を観察したのは，シュライデンやシュワンであり，1800年の中頃の研究である（1・6参照）。したがって，彼らの成果の恩恵を受けるにはデュトロシェは少しだけ（25年ほど）早く生まれたことになる。

3・5　水は細胞膜を通る

　細胞にはそれを取り囲む膜様構造（植物細胞では細胞壁）があることを初めて提唱し，そこで見られる浸透現象を観察したのはスイス人のネーゲリ（Carl Nägeli）で，1855年のことといわれている[28]。彼はシュライデンの指導のもと植物細胞を研究した。その原形質のなかでは色素顆粒がたくさん動き回っているのを観察し，それらは細胞の外で出たり，液胞のなかに入って行かないのに気付いた。このような顆粒の動きを原形質流動というが，色素顆粒は細胞壁や液胞を囲む膜を通れないのである（図9a）。

　さらに，細胞を高濃度のショ糖溶液のなかに置くと，原形質と液胞が縮むのを観察した。次の実験で，細胞を取り囲む溶液をショ糖濃度の低いものに置き換えると，細胞はもとの体積に戻った。これらの観察は色素顆粒やショ糖の分子は細胞膜[注*]を通らない（あるいは通りにくい）が，水の分子は通ることを示している（図9b）。このように細胞膜が特定の分子だけを通す性質を<u>半透性</u>と呼ぶ。

　もう一人，意外な植物学者が浸透圧の研究をしている。メンデルの遺伝の法則を再発見した人として知られている，オランダのド・フリース（Hugo de Vries, 1848-1935）である。彼はビート（砂糖大根）の切片を作り，これをさまざまな溶液に浸して観察し，ネーゲリと全く同じ結果を得ている[29]。そして，高濃度のショ糖溶液のなかでは植物細胞の原形質と液胞とが縮むという現象を原形質分離（plasmolysis）と呼び，これは細胞を取り囲む溶液の

注*：植物細胞では細胞を囲む構造として，細胞壁と原形質膜があるが，本書では両者をともに細胞膜と呼んで説明することがある。

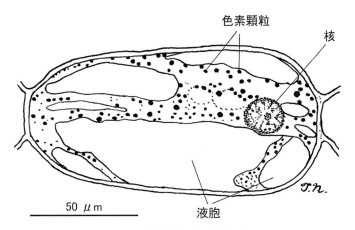

図 9a 植物細胞の原形質流動
ムラサキツユクサのおしべの毛の細胞で，筆者が観察スケッチしたもの。

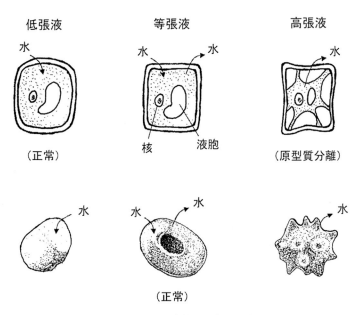

図 9b 細胞の内外での水の移動
異なる外部環境（低張，等張，高張の溶液）で囲まれた場合を示した。上段は植物細胞，下段は動物細胞（赤血球）。植物細胞では低張液で囲まれた場合，細胞壁の張力が保たれ正常であるが，動物細胞の場合は等張液で囲まれているのが正常である。

高い浸透圧と関連していると考えた。

　この研究の少しあとで，別の研究者が動物の細胞について浸透圧の影響について研究している。赤血球を実験材料としたが，高濃度の溶液下では赤血球は縮んでしまうが，濃度が低い溶液下では水が細胞内へ移動し，その結果細胞が膨らみ，やがて破裂してしまうこと（溶血という）を観察した（図9b）。

3・6　物理化学者の考え

　水のような溶媒に，ある物質を溶かした場合，その物質が水のなかへ広がっていく物理現象を拡散という。英国の化学者であるグラハム（Thomas Graham, 1805-1869）はどのような物質が水のなかで拡散しやすいか研究し，さらに人工的に作った膜を介しての拡散を調べると，分子量の小さなものは膜を通過して水中へ出て行った。この実験で，彼はデュトロシェが言い始めた<u>外向き浸透</u>（exosmosis）を説明した[22]。

　19世紀の後半，人工膜でのこのような実験を，細胞での浸透現象の理解に応用しようとした植物学者が現れた。フェロシアン化カリウムと硫酸銅を反応させると沈殿ができるが，ドイツのトラウベ（Moritz Traube, 1826-1892）は，これを薄い膜にして実験した（1865年ころ）。この膜を水分子が通過できるのは，膜が特定の分子を通す"フルイ"として働くためと考えた[22]。

　トラウベの膜は壊れ易かったので，同じくドイツのプフェッファー（Wilhelm Pfeffer, 1845-1920）は素焼きの筒[注*]に沈殿膜を作ることで強度を持たせることに成功した（1875年）。この人工膜を細胞膜に見立てた半透膜（半透性を持つ膜のこと）としてショ糖水溶液の浸透圧を実測し，その濃度および温度による変化を調べた[30]。そして，浸透圧は一定温度では濃度に比例し，一定濃度では絶対温度に比例することを示した。プフェッファーは植物学者で，植物体内での液状成分の移動を研究したのだが，素焼きの筒に

注＊：昭和の時代の高校と大学教科書はこの素焼きの筒を用いた実験を紹介していたが，最近の教科書は人工膜としてセロハン膜を用いた説明を採用している。

沈殿させて作った人工膜は，浸透現象を研究する手段を物理化学者に提供したことになる[22]。

その物理化学者とは，もう一人のオランダ人ファント・ホフ（Jacobus Henricus van't Hoff, 1852-1911）である。彼は化学平衡の研究で有名であるが，圧力，体積，温度の3要素が気体分子の状態を規定するといういわゆる"ルシャトリエの気体の法則"を参考に，溶液中に溶けている分子は気体分子のように振舞うと考えて，浸透圧を説明した[31]。彼は植物学者による観察結果を理論的に解釈する基盤を作った。

$$\pi = C_s RT \quad \text{van't Hoff の法則}$$

（π：浸透圧，C_s：モル濃度，R：気体定数，T：絶対温度）

これは，大学の教養課程での生物学や物理化学で習う法則であるが，"化学熱力学の法則と溶液の浸透圧の発見"として第一回のノーベル賞（1901年）の対象となった歴史的にも意味のある研究である。

3・7　細胞膜の構造についての先駆的研究

オバートン（Ernest Overton, 1865-1933）は英国生まれだが（母方の遠い親戚はかのチャールズ・ダーウィンという）スイスに移住し，そこで学んだ植物学を細胞膜の一般生理学に発展させた生理学者である[32]。彼の研究はここで紹介する細胞の透過性だけではなく，麻酔の作用機構，筋肉や神経におけるナトリウムイオン（Na^+）とカリウムイオン（K^+）の輸送機構にまで及んでいる。ネーゲリとド・フリースが観察した原形質分離を研究手段として使って，細胞膜がいろいろな物質に対して示す透過性を系統的に調べた。彼の研究は透過性に対する理解を単に深めたというだけでなく，細胞膜は分子的にどのような構造をしているかを考えるための重要な方向性を与え，今日，高校の生物学でも教える"脂質二重膜"の概念につながっていく。

彼は植物のうちアオミドロを実験材料に選び，これをショ糖溶液のような

3・7 細胞膜の構造についての先駆的研究

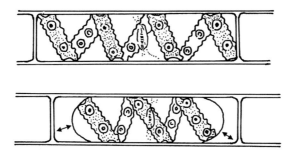

図10 オバートンが観察したアオミドロの原形質分離
上のスケッチは水の中での正常なアオミドロ。ショ糖の水溶液中では，下のスケッチが示すように原形質膜が細胞壁から浮き上がり，隙間（両矢印で示す）ができている。オバートン[33]のスケッチを筆者が書き直し，明瞭にしたもの。

高張液[注*]に漬け，ネーゲリが観察したように原形質分離を観察し，その程度を調べた（**図10**）。次に，ショ糖を水に溶かす代わりにアルコールに溶かし，ショ糖の水溶液と同じ浸透圧の溶液（すなわち，ショ糖のアルコール溶液）を用意した。そして，この溶液のなかでアオミドロが原形質分離を起こすかどうかを調べた。すると，アルコール溶液中では原形質分離が起きなかった。アルコールのような非極性物質[注**]は原形質膜や液胞の膜を非常に早く通過してしまうので浸透圧が生じず，細胞内から外への水の移動は起こらないと考えた。

このように膜を早く通過する物質（たとえば，アルコール）は脂溶性なので，オバートンは細胞膜には脂溶性の物質があり，これが極性を持つ水のような物質の移動を妨げている[注***]と推測した。彼は細胞膜が脂質だけでできているとまでは言わなかったが，コレステロールやリン脂質が組み込まれ

注*：溶液の濃度が高く，浸透圧が高い溶液を高張液という。低張液はその逆。浸透圧が等しい溶液は等張液。
注**：水分子のように電気的に正の部分と負の部分が偏って分布している分子を極性物質という。非極性物質はそのような電荷の偏りがない。
注***：ショ糖溶液に囲まれた細胞では水の移動はあると説明しておきながら，ここで"移動を妨げている"という言い方は読者を混乱させるであろう。細胞膜を透過しやすさは，アルコール，水，ショ糖—の順であって，水の移動はアルコールに比べれば妨げられているという意味である。

ていると示唆していた。

　さらにオバートンはアルコール溶液だけでなく，いろいろな溶液中に動物や植物の細胞を置いて実験を続けた。水中で解離しないエーテル，アセトンなどの溶液中でも原形質分離が起きなかった。アミノ酸，電解質などは生命の維持に必要で，細胞内へ取り込まなければいけないが，細胞膜をむしろ通りにくかった。そして，原形質分離の速度は透過性の尺度（分離の速度が速ければ，透過性は低い）として重要な指標になると主張した[33]。

　また，グラハムやファント・ホフが物理化学の立場で考えた拡散による物質の移動とは別に，それに逆らって，溶質が細胞膜を通って浸透する可能性をいろいろな生理学的な例をあげて示した。勾配に逆らって浸透するということは，そのためのエネルギーが必要ということで，このことは先にプフェッファーによっても指摘されていた[30]ことである。

　引き続いて行われた研究では，細胞膜の構造について考えた。そこでは，細胞膜の表面は水に接している（濡れている）のだから，その表面全体が脂質で覆われているという考え方は捨てた。しかし，膜の表面層には部分的にコレステロールやリン脂質が含まれていて，それらが溶質（たとえばアルコール）と相互作用することによって，溶質が細胞膜を通過できるようにさせていると考えた。

　膜の表面層に脂質が組み込まれているという考え自体は，生命の維持に重要な塩，グルコース，アミノ酸などは細胞膜をゆっくりではあるが通過していることと，上手く整合しない（これらの分子は脂質には溶けにくいので）。そこで，オバートンは受動的な浸透（物理的な拡散という意味）のほかに，細胞の代謝活動を必要とする能動的過程（経路）がグルコースなどの吸収や分泌に働いているのだろうと主張した。このような考え方は，細胞膜での物質の輸送について，現在わかっているしくみにつながる。脂質二重膜でできている細胞膜は脂質には溶けにくい物質を透過させるため，イオンチャネルやトランスポーターなどのタンパク質をモザイク状に埋め込んでいるのである（4・1節参照）。

3・8 浸透圧の定量的研究

　浸透圧はデュトロシェによる浸透圧計の考案によって定量的に測定されるようになったが，19世紀の末になると，さらに精巧な浸透圧計が作られ，そこから新しい成果が得られた．その立役者はケンブリッジ大学で医学を修めた生理学者のリード（Edward. W. Reid, 1862-1948）である[34]．彼の研究の一番重要な点は，上皮組織を通る物質の移動の方向や速度を決める要因はその組織の周りの浸透圧だけではなく，細胞の代謝によるエネルギーに依存したしくみ（今日われわれが能動輸送と呼んでいるもの）が関与する，とした点である．

　リードはまずデュトロシェによる浸透圧計などを使ってマテュシの実験（3・4節）を再現してみた．すると，マテュシの報告どおりカエルの皮膚の体内側から体表側へ水が移動するのは，皮膚をカエルから切り出してからかなり時間が経過してからであることがわかった．さらに，手早く実験を行うと逆の方向，すなわち体表側から体内側へ向かって大きな水の移動が起こることを見つけた．この研究論文[35]は「生きた膜と死んだ膜を用いた浸透圧の実験」と題されていて，水の移動の大きさは実験対象の組織を取り囲む生理的な条件に依存することを示した．

　リードはカエルの食道から上皮を切り出し，マテュシに習ってショ糖などを水に溶かして作った溶液に浸しておくと，上皮を覆っている繊毛の動きが止まってしまうことを見た．彼は，いろいろな物質を水に溶かすと生体の活動を損ない，正しい結果は得られないと考えた．そこで，彼はカエルのからだから切り離した皮膚を，細胞へのダメージが少なく細胞を生かしたままにしておける生理食塩水（カエルの体液の浸透圧と同じになるように塩化ナトリウムを水に溶かしたもの）中に保存しておき，できるだけ早く実験に用いることに注意を払った．

　浸透圧の高い溶液（高張液）として5％のグルコースを用い，最初の実験群ではグルコースを生理食塩水に溶かし，次の実験群ではグルコースを水に溶かした（この実験群は水溶液を使うという点でマテュシの実験と同じ）．

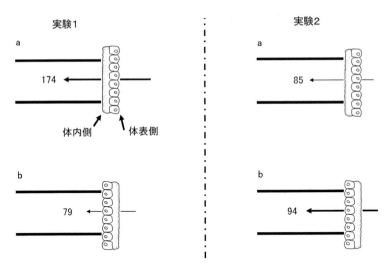

図 11　リードの実験
実験 1 はガラス管の外部は生理食塩水での測定。ガラス管の内部は生理食塩水に溶かした 5% のグルコース。実験 2 はガラス管の外部は水での測定。ガラス管の内部は水に溶かした 5% のグルコース。皮膚の向きに注意。数値は浸透圧の高いガラス管内へ移動した溶液の量を示す。

　最初の実験群では，浸透圧計の中央の目盛り付きガラス器に 5% のグルコースを入れ，これを囲む大きな容器には生理食塩水を入れておく。中央のガラス器にカエルから切り出した皮膚を張り付けるのだが，そのとき 5% のグルコースに接触させる面を皮膚の体内側にする場合（**図 11** の実験 1 の a）と体表側にする（**図 11** の実験 1 の b）で実験し，移動する溶液（生理食塩水であって，そこに含まれる水と塩類イオンを区別していない）の向きと量を測定した。これらは対になる測定であるが，浸透圧計に張り付ける皮膚の面積（95 mm^2），外部のガラス器の液量（300 c.c.），測定時間（24 hrs），温度を一定に保った。このように対になる実験を，温度が少しずつ違う条件（10℃～13℃）でさらに 5 例，計 6 例をまとめ移動量の平均値を得た。生理食塩水は皮膚の両方向へ流れたが，皮膚の外から内へ（体表側から体内側へ）流れる量が内から外へ流れる量よりはるかに多かった（174 対 79，単位：mm^3，**図 11** の実験 1 参照）。

同様の実験を，グルコースを水に溶かして行った。この場合，水は皮膚の両方向に流れたのだが，皮膚の内から外へ流れる量が多かった（94 対 85，単位：mm^3，**図 11** の実験 2 参照）。

このような実験に基づいて，リードは次のように結論した。

1. カエルの皮膚の生きた標本で，液体が浸透圧によって移動しやすい正常の方向は，体表側から体内側である。

2. 上記のような皮膚での液体の移動は皮膚組織の生理的状態と密接に結びついている。生存を損ないやすい条件や薬物は，正常な移動方向への量を減少させる。

3. 外から内へ溶液が移動しやすい原因は，細胞の活動に依存する吸収力（absorptive force）に見いだされるだろう。それは腺細胞で分泌を起こす力と同等ではないか。

3・9 浸透圧に依存しない吸収機構

膜を介しての物質の移動を左右するいろいろな要因がわかってくると，実験動物から得た皮膚などの組織と接触する溶液の，組成と量を正確にコントロールする必要が出てきた。そこでリードは二つのシリンダー状ガラス器を左右対称に向かい合わせ，そのあいだに

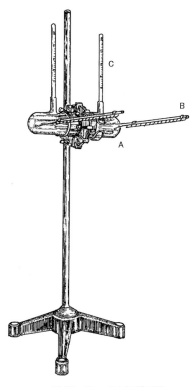

図 12 リードの浸透圧計
A：ガラス製のシリンダー（右側）。同じシリンダーが左側にもあり，両者は中央部でパッキングを介して密着している。
B：シリンダー内の液量測定用の細いガラス管。管の脇にはものさしが取り付けられている。
C：温度計。ガラス製シリンダーの上部に付けられた開口部に差し込まれている。

切り出した皮膚を水漏れのないようにぴったり挟み込む装置を考案した[36] (図12)。

カエルの皮膚はガラス器の中央に縦方向に装着するように設計されている。ガラス器内で液体の移動があれば、それぞれのガラス器に垂直に立てた圧力計で読み取って検出できる。このガラス器は、のちに、デンマークのウッシング (Has Ussing, 1911-2000) が作り、ウッシングチャンバー (Ussing chamber) と呼ばれることになる装置の言わば原型である。

リードはカエルの皮膚を手早く切り出し、この装置に付け、左右のガラス器は同じ組成の溶液 (生理食塩水) で満たした。8時間にわたって測定したが、初めの2時間で非常に大きな液量の変化が測定されたが、測定の終わりではその変化は3分の1に下がった。液量の変化は一般に、カエルの皮膚の体内側に接している方のシリンダーの体積が増え、体表側に接している方は減少、であった。そこで、彼は生理食塩水がカエルの皮膚の外から内へ移動したのだと解釈した。

左右のガラス器内の溶液の濃度は等しくしてあったので、この移動は浸透圧では説明できない。発表論文[36]は「浸透圧なしでの吸収」と題されて、今後の研究に非常に大きな影響を与えることになる。

読者を混乱させるかもしれないが、生物学的には興味深いので、リードのもう一つの実験を付け加えておこう。繁殖期のカエルの皮膚で実験すると水の移動の方向は内から外へと逆方向になったのである。リードはこれを、この時期のカエルでは皮膚の分泌腺の活動が盛んであるため、と説明した。

リードと同じころ、細胞膜を通る物質の移動を研究していたオバートンはカエルの皮膚での水の移動も調べていたが、その向きはリードの最初の実験結果とは逆向きであった。彼はオタマジャクシを含むカエル類と淡水魚の皮膚を観察したが、水の移動の方向は一方向で、体内から体表へであると結論した。その根拠として、オタマジャクシや淡水魚を濃度の高い (高張液) に入れると体内の水が減少するが、水のような低張液に入れても体内に水が流入するようなことは起こらないことをあげている。

オバートンは、皮膚の上皮には水を一方向だけしか流さないようにさせる

弁のようなものがあるように見えるとだけ述べ,低張液のなかに入れられたオタマジャクシがどうやって水の流入を防いでいるのかは説明していない。今日の生理学では次のように説明される。淡水魚の体内に水は流入しているが,塩類濃度の薄い尿として多量に排泄することによってバランスを保つので,水は流入していないように見える。

彼だけではないが,当時の生理学者たちは動物の体内へ流入した水,あるいは積極的に取り込んだ水を排泄する器官,すなわち腎臓を過小評価していたようだ。物理化学的な視点で研究する生理学者は,実験結果を解釈するときに,細胞膜だけを考え個体としての動物全体を考えるのを怠ったともいえる。それだけではなく,オバートンは100年前のタウンソンに始まる多くの研究論文(カエルの皮膚では水の透過性が高いこと)を読んでいなかったらしい。

3・10 考え方の混乱

3・7節で紹介したように,オバートンは細胞膜が脂質で構成されていると考えることで,細胞膜は非脂溶性物質やイオンよりも,脂溶性の物質を透過しやすいと説明していた。一方で,水のような非脂溶性の物質も透過できるのは,浸透圧の働きによると結論していた。しかし,リードが「浸透圧なしでの吸収」を示したことで,浸透圧とは独立した物質の輸送機構の方に生理学者の関心がより多く集まるようになり,研究のための実験モデルとして,カエルから分離した皮膚がこれまで以上によく使われた。その結果,20世紀のちょうど真ん中(1949年と1951年)で,デンマークのウッシングらによる研究[37,38]により,分子の拡散ではない輸送,すなわち能動輸送が明らかになる。これにつながる発見として,カエル皮膚の内外をともに生理食塩水に浸けたとき,総量として水が輸送されることをリードが1892年に初めて示したことが重要だった。しかし,そのあとの約半世紀のあいだ,水の輸送の方向や観察された現象の解釈について多くの混乱があり,液体が浸透圧によって輸送されるのか,浸透圧以外の機構で輸送されるのか区別がつかなかった。

浸透圧計はリードの工夫で精度がよくなったのだが，これを使わない研究も20世紀初めには行なわれていた．カエルの大腿部の皮膚を，靴下を脱がせるようにすぽっと剥がし，これをそのまま使うのである．カエルから剥がした皮膚の一端を縛って袋状にする．これに食塩水を入れ，水に浸ける．袋内部へ溶液の移動があれば袋の重さの変化で検出し，袋のなかから塩類が出てきた場合は，袋を取り囲む水の電気伝導度を測定することで検出する，というような手法が用いられた．測定の精度としてはリードの考案した装置に劣るのではないかと思われるのだが，なぜかよく使われたようだ．皮膚を裏返しにして作った袋もできるので，正常な向きの袋と並べて同じ溶液に浸ければ，同じ条件下で水の移動方向を比較できるからかもしれない．移動の方向についての結果はリードと基本的に同じであったり，そうでなかったりした．

3・11 非対称な透過性

ドイツの生理学者のあいだでは論争が続いた．皮膚の両側を同じ濃度の生理食塩水に接触させた条件で，液体の移動を測定するというリードの実験を，フーフ（Huf）は浸透圧計による測定と，カエル皮膚の袋状標本による測定の両方で，検証した[39,40]（袋状標本のほうが安定した結果が得られたという）．

皮膚の体表側を外に向けた，正常の向きの袋状標本では，液体は皮膚の体表側から体内側へ向かい，袋は膨らんだ．皮膚の体内側を外に向けた裏返し袋状標本でも，同じしくみが働いているなら，液体は袋の外へ移動し，袋は縮むはずである．縮みはしたが，溶液の移動量は体表側を外へ向けた袋に比べ，裏返しの袋のほうが，少なかった（$0.81\,\mu l$ 対 $0.23\,\mu l$，一定時間，単位面積あたりの移動量）．

これは現在の知識では，次のように説明される．皮膚の裏返し標本では，周りを囲む溶液の総量が多いので，そこへナトリウムイオンが運ばれても局所的な浸透圧濃度が高くなりにくいため，皮膚の体内側（この標本の外側）へ水はあまり移動しない．これは，本章の最後まで読み続けていただけれ

ば，納得できよう．フーフは，代謝阻害剤であるシアンを生理食塩水に混ぜると輸送量は半減する[41]，という重要な観察を行ったことを付け加えておいて，次に進もう．

3・12 ウッシングによる能動輸送の発見

1900年代の半ばに入ってから，皮膚を介しての塩類と水の輸送について画期的な展開が起こるのだが，その説明のためには一旦，時代を100年ほど逆戻りしなければならない．

1800年代のなかごろ，ドイツのデュ ブア＝レモン（du Bois-Reymond）がカエルから皮膚を切り出し，その内側と外側の表面を電極でつなぐと電気が流れることを観察していた[42]．つまり皮膚には電池と同じ働きがあるということである．この研究は，18世紀イタリアのガルバーニ（Luigi Galvani, 1737-1798）やボルタ（Alessandro Volta, 1745-1827）に始まる，生物電気の発見を源流とするものだが，その研究の流れについてはここでは深入りしない．

皮膚での電流はヒキガエル皮膚にとくに多く含まれる分泌腺の力によるもの，と永く理解されていた．しかし，20世紀に入ってガレオッティ（Galeotti）は，ナトリウムイオンがカエルの皮膚を一方向（体表側から体内側へ）にだけ透過することと，皮膚での電流とが関連していることを示した[43]．

カエルの皮膚を塩化カリウムの溶液に浸けておいた場合は，皮膚を介しての電流は記録されない．カリウムイオンは皮膚の両方向に流れるからである．そのあと，皮膚での浸透圧による液体の輸送には，その両側での電位差が深くかかわっていると考えられるようになったが，その液体に含まれるイオンと水分子の実体は不明のままであった．しかし，ナトリウムイオンがカエルの皮膚のどちらの方向にどれだけ流れるかを測定する方法を，デンマークのウッシングが開発し[37]，カエルの皮膚を通るイオンの能動輸送が皮膚で生じる電流の成因であり，皮膚での電位を生むということが示された[38]．その輸送機構で運ばれるイオンはナトリウムイオンだけであり，塩素イオン

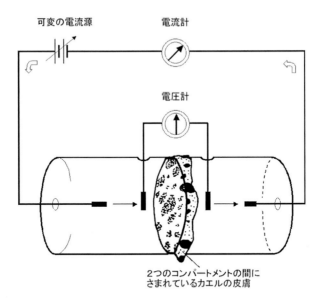

図13 ウッシングチャンバーの模式図
カエルの皮膚の小片が二つのコンパートメントではさまれている。左が外コンパートメント，右が内コンパートメント。左右のコンパートメントは生理食塩水などの試験溶液で満たされている。詳細は本文を参照。

はナトリウムイオンが運ばれることによって生じた電位差によって"受動的"に運ばれると結論された。

　ウッシングチャンバーを見てみよう。小さく切り出したカエル皮膚を二つのコンパートメントのあいだにきっちりと挟み込む（図13）。両方のコンパートメントを同じ濃度の生理食塩水で満たし，液がカエル皮膚で仕切られた状態で実験を行う。生理食塩水で満たされていて，皮膚の体表側と接しているコンパートメントを外コンパートメントと呼び，体内側に接する方を内コンパートメントと呼ぶことにする。カエル皮膚を生かしておくため，両方の生理食塩水には酸素ガスを送り続ける。

　これまで，皮膚のどちらの側へイオンが移動するか論争が続き，とくにリードは，ナトリウムイオンは両方向へ移動しているが，皮膚の体表側から体内側への移動が多いと結論していた。外から内への移動と同時に内から外へ

の移動が，仮にあった場合，これは，これまで試みられた化学的測定法では実測できない。そこで，ウッシングは二つのコンパートメントに含まれているナトリウムイオンを区別するため，異なった種のアイソトープ（$^{22}Na^+$と$^{24}Na^+$）を用いた[37]。

$^{22}Na^+$を用いて作った生理食塩水で外コンパートメントを満たし，内コンパートメントを$^{24}Na^+$で作った生理食塩水で満たした。そして，それぞれのイオンがもともとそれが含まれていなかったコンパートメントにどれだけ現れてくるかを，時間を追って測定した。2種類のアイソトープはそれぞれ反対側のコンパートメントに現れたが，外コンパートメントから内コンパートメントに入ってくるナトリウムイオンの量のほうが，出ていくものより多かった。一定時間経過後に調べると，ナトリウムイオンは内コンパートメントに貯まった。

ウッシングの実験装置では，外から内へ運ばれたナトリウムイオンの量を時間を追って測定できたのが画期的であった。イオンが一方向に移動すると，それが持っている電荷のため，皮膚の両側で電位差が生じる。その電圧を**図13**のなかほどのメーターでモニターしながら，その電圧を打ち消してゼロにするだけの電流を，**図13**の左上方に示した電池を使って流してやる。そして流した分の電流を電池と直列につないであるメーターで測ると，それが皮膚を通って運ばれたナトリウムイオンによる電荷の移動速度と量的に同じになる。つまり，外から内へ運ばれたナトリウムイオンの量が測れたことになる。

この方法では，皮膚の電位をゼロにするように人為的に加えた電流を測るので，短絡電流測定法と呼ばれる。この装置では皮膚の電位をゼロとするだけではなく，任意の電圧に一定に保つこともできるので，生理学では電位固定法（voltage-clump）ともいう。これは1950年代以降，筋肉や神経の細胞に応用され，細胞膜を流れる電流を記録してイオンチャネルの性質を研究する生理学実験に不可欠となる。しかし，近頃の神経科学研究者は，電位固定法がカエルの皮膚の研究から生み出されたことを，知らないのではないだろうか。

ナトリウムイオンの移動は二つのコンパートメントのあいだで濃度の差（濃度勾配）がない状態で始まり，一方のコンパートメントの濃度が高くなっても，そのまま濃度勾配に逆らって移動する。さらに，この移動は生体の代謝活動を阻害する薬物で抑えられる[41]ことから，今日，能動輸送と呼ばれている。

3・13　能動輸送を利用した水の移動

ウッシングらの実験の成功によって，多くの研究者の興味は水の移動よりも，イオンの移動へ移っていった。それは，1930年の終わりころから，細胞の外側ではNa^+が多く内側では少ないなど，塩類のイオン濃度が異なっていることが次々と報告され，イオン濃度はどのようなしくみで一定に保たれているか，またその生理学的な意味に関心が集まったからである。実験の材料としては，筋肉，神経細胞，赤血球などが用いられ，能動輸送を担うNa^+/K^+-ポンプが発見される。並行して，細胞の持つ膜電位と活動電位の発生機構が研究されるなかで，Na^+などを通すイオンチャネルも発見されていく。しかしながらカエルにとっては，やはり水の移動が最も重要であろう。われわれはこの研究の推移を追って行こう。

ウッシングの実験のあとも，カエルの皮膚を通る水の移動の研究が続いた。Na^+は体表側から体内側へ輸送されるのであるから，それと水の移動が関連しているかどうかが調べられた。Na^+の能動輸送を薬物で阻害すると水の移動量が影響されるが，その関係はあまりはっきりしなかった[44]。皮膚の内外を同じ濃度の生理食塩水に浸けると，もちろん，水の移動はあるが，体表側の生理食塩水を等張のショ糖液で置き換えると，その移動は見られなかった。この結果からは体表側にNa^+が必要なように見えるが，皮膚を通る水の量は外側のNa^+の量に依存しないという報告もあった[45]。さらに，Na^+を，皮膚を通過しないマグネシウムイオン（Mg^{2+}）で置き換えても，水は移動したという報告もあった[46]。このような状況のなかでは，カエルの皮膚ではナトリウムの輸送とは独立して水を輸送する機構があるかもしれないという主張も現れた[47,48]。しかし，水やイオンの輸送が観察される，

腎臓の尿細管，小腸，胆嚢などの組織での実験に基づき，今日では，Na^+ の量に依存した水の移動機構が提唱されている。それを次に紹介しよう。

3・14　水の移動を説明するカーランの実験モデル

　皮膚のような上皮において，その体表側から体内側へ，ナトリウムイオンのような溶質が能動輸送によって運ばれれば濃度勾配が作られ，その結果生じた浸透圧は水の流れを引き起こすことが，カーラン（Curran）らによるモデル実験で示された[49]。彼は図14 に示すような三つのコンパートメント（Ⅰ，Ⅱ，Ⅲ）を用意し，ⅠとⅡのあいだは水を通す人工膜（セロハン膜）で仕切り，ⅡとⅢのあいだは小さな分子しか通さない半透性を持つガラス板（珪酸ガラスでできている）で仕切った。

　はじめ，Ⅰのコンパートメントでの濃度は低くし，Ⅲのコンパートメントは水だけにしておく。能動輸送によって溶質がⅡに運ばれた状態を実験的に作るため，Ⅱのコンパートメントでの濃度をⅠより高くしてやると，Ⅲには溶質がわずか移動したほか，水の量が増えた。実験操作としてⅡのコンパートメントにつながる管は密閉してあり，容量は増えない。そのため，Ⅲの容量増加は水がⅠから移動した結果，生ずることになる。ⅡとⅢのあいだの仕切りによって，Ⅱの溶質のⅢへの拡散は抑えられているので，Ⅱの浸透圧は高く保たれ，水はⅠからⅡに引き込まれる。そして，水はさらにⅢへ移動し

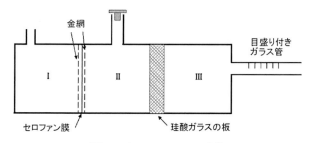

図14　カーランのモデル実験
コンパートメントⅠ内の溶液は空気の泡で，コンパートメントⅢ内はマグネットスターラーで，それぞれ撹拌された。コンパートメントⅡは撹拌されず，実験測定中は外部につながる管には栓がされている。

たと考えることができる．IIIのコンパートメントは容量が大きいので，溶質がIIから入り込んでも濃度は大きく変化しない．IからIIIまで全体を通してみると，溶質の移動があると，それにともなって溶媒である水が移動する，というわけである．

3・15　ダイアモンドの局所浸透圧勾配説

　カーランが示したしくみで，水の移動が生体内で起きているのだろうか．この疑問に答える実験はウサギの胆嚢を用いて行われた．胆嚢は肝臓で作られた胆汁を分泌する器官である．胆汁に含まれる水は体内へ吸収されるので，胆汁は濃縮されて貯えられる．さらに，胆汁に含まれるナトリウムイオン（Na^+）と塩素イオン（Cl^-）は能動的に胆嚢の上皮組織に取り込まれることが知られていたので，水もいっしょに取り込まれると想像されていた．

　アメリカのダイアモンド（Jared M. Diamond 1937～）は1960年ころの一連の研究で，胆嚢の上皮ではナトリウムイオン，塩素イオン，さらに水の移動が上皮の両側の浸透圧が等しい条件で起きることを観察していた．そこで，水が移動する経路は上皮組織のどこにあるのかを明らかにし，水の移動の機構を生理学的に考察した[50,51]．

　胆嚢は袋状の膜で作られ，袋の内部へ向かって上皮細胞が一層に横並びし，それを結合組織の層が外から囲んで支えている．袋状であるので，このなかに生理食塩水を満たし，出口を閉じて吊り下げておく．この袋の内部から液体が出てくれば，それを目盛りの付いたガラス器で受けてやることで簡単に測定できる（図15）．これは胆嚢の上皮がウサギの体内の方向[注*]へ取り込んだ液量の測定にほかならない．

　胆嚢の上皮を顕微鏡で観察すると，粘膜側に向う細胞表面には微絨毛があり，両隣の細胞とは粘膜側に非常に近い部分で密着していることがわかる（図16）．この密着構造はタイトジャンクションと呼ばれ，1960年代に電子

注*：胆嚢の袋の外側はウサギの体内に面しているわけだが，専門用語ではこの方向を漿膜側，その反対側である袋の内側を粘膜側，と呼ぶ．この用語にしたがうと，カエルの皮膚で体表側，体内側と表現してきたものは，それぞれ粘膜側，漿膜側になる．

3・15 ダイアモンドの局所浸透圧勾配説

顕微鏡で観察され，細胞膜を通過してしまうような小さな分子でも，ここは通れない構造と考えられた。したがって，タイトジャンクションによって，胆嚢の粘膜側と漿膜側とは隔絶されている注＊＊。

以下，図16を参照しながら読み進めてほしい。細胞の側面では，細胞質が外側に向かって多数突出し，このため細胞側面の面積は広くなっている。隣り合う細胞と細胞のあいだはある程度のすきま（細胞間間隙と呼ぶ注＊＊＊）がある。間隙の幅は，あとで説明するように胆嚢の上皮が置かれている生理的条件によって変わってくる。一方，細胞の基底部では突出した部分はなく，細胞表面は平坦である。基底部に近い部分では隣り合う細胞とのタイトジャンクションはなく，隙間がある。つまり，タイトジャンクションは粘膜側近くの一ヶ所だけにある。

胆嚢に生理食塩水を満たすと，中から液体が少しずつ流れ出し，これを1

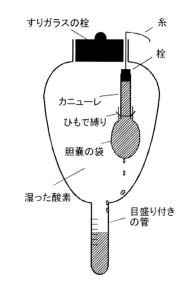

図15 胆嚢の上皮での水やイオンの輸送を測定する装置
ウサギの胆嚢を生理食塩水で満たし，カニューレにつなぐ。これを密閉したガラス器の中に保持しておくと，胆嚢の粘膜側から体内へ（漿膜側へ）吸収された液体は滴り落ちてくるので，これをガラス器の下部にある目盛りで読み取る。

注＊＊：上皮組織を電子顕微鏡で調べてみると，水を輸送する働きを持つ上皮のすべてにタイトジャンクションがあることが知られている。このような上皮の細胞の側面には，タイトジャンクションから漿膜側へ向かって細胞間間隙が細長く広がっていることが特徴である。タイトジャンクションは小さな分子も通さないと説明したが，その程度は組織によって異なり，実は胆嚢ではタイトジャンクションの透過性が比較的高く，細胞間間隙に運ばれて貯まったH_2O，Na^+，Cl^- はその一部が粘膜側へ逆流していることが知られている。これと比べると，カエルの皮膚のタイトジャンクションは一般的に水や電解質を通しにくい。

注＊＊＊：細胞と細胞のあいだはある程度のすきま（細胞間間隙）があって，水や塩類のイオンなど小さな分子は通ることができる。ここを傍細胞間経路という（7・9節参照）。

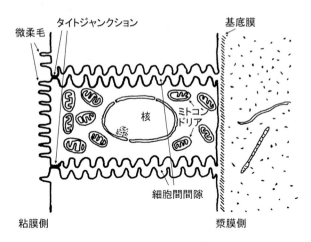

図16　ウサギ胆嚢の上皮細胞の構造を示す模式図
粘膜側が胆嚢の袋の内部，漿膜側が胆嚢の結合組織である．この図では，上皮細胞の1つを核などとともに模式的に示し，隣り合う細胞（図の上下）とタイトジャンクションで接していることを示す．

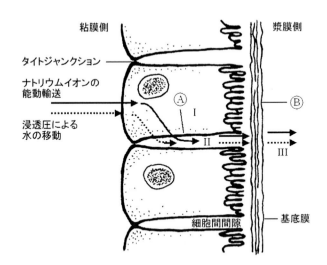

図17　ダイアモンドの局所浸透圧勾配説を説明する図
カーランのモデル実験でのコンパートメント（I〜III）に対応する部分を同じ番号で図中に示してある．イオンや水の移動の障害になるAとBの部分は，それぞれ図14でのセロファン膜と珪酸ガラスの板に相当する．ナトリウムイオンの輸送を実線で，水の移動を点線で示してある．詳細は本文を参照．

3・15 ダイアモンドの局所浸透圧勾配説

時間維持した直後，上皮をホルマリンなどによる化学的処理によって固定し顕微鏡観察すると，細胞間間隙が拡張していることがわかった。対照実験として，胆嚢をウサギのからだから切り出してからすばやく固定した標本を作り，それと比較したのである。ところが，温度を4℃に下げたり，能動輸送を抑制する薬物（ウアバイン）を与えたりして，水の輸送を妨げると細胞間間隙は完全に閉じ，拡張は観察されなかった。

胆嚢内部を満たしている生理食塩水中のナトリウムイオンを等張のショ糖に置き換える注*，あるいは生理食塩水にショ糖をさらに加えることによって粘膜側の浸透圧を高くすると，細胞間間隙は半分くらいに閉じてしまった。

以上の実験結果を眺めてみると，胆嚢の上皮における水の移動経路は細胞間間隙であろうと見当がつこう。胆嚢の内部は生理食塩水があり，これはウサギの体液の浸透圧に等しくなるように塩類濃度を調整したものだから，胆嚢の粘膜側と漿膜側とでは浸透圧の差はないはずである。このような状況下で水がどのようにして移動できるのか。ダイアモンドは以下のような水の移動のしくみを提案し，局所浸透圧勾配説（standing-gradient hypothesis）と呼んだ（図17）。この図では水の移動を説明しやすくするためダイアモンドの原図を変え，上皮の細胞間間隙を実際より広げ，また簡略化してある[52]。

図に従って，彼の仮説をきちんと紹介しよう。上皮細胞の細胞膜のうち細胞間間隙に面している細胞膜には，ナトリウムイオンを能動輸送する働きがあるとすると，細胞内から外へ向かってナトリウムイオンが運ばれ（図の矢印付きの線），細胞間間隙のナトリウムイオン濃度が高くなるであろう。その結果，タイトジャンクションを境にした二つの空間（一つは胆嚢の粘膜側，もう一つは上皮の細胞間間隙）のあいだに濃度勾配ができる。細胞間間隙の浸透圧が高くなるが，水はタイトジャンクションを通りにくいので，細胞内を経由して細胞間間隙へ汲み出される（図の矢印付きの点線）。その結果，細胞間間隙の静水圧が高まる（顕微鏡で観察すると，細胞間間隙が広がって

注*：能動輸送される対象のナトリウムイオンがないので，水の移動の力となる浸透圧が細胞間間隙にできない。また，ショ糖は輸送されないので細胞間隙の浸透圧上昇に寄与しない。

いたのはこのため)。

　前にも述べたように,細胞間間隙は粘膜側ではタイトジャンクションによって閉じているが,漿膜側では開いて抵抗が低い。そのため漿膜側へ水は流れていく。細胞間間隙が作る空間のうち,タイトジャンクションに近い場所ではナトリウムイオン濃度は高いが,その反対側に向かって濃度が徐々に低くなり,体液につながっている細胞間間隙の終端では体液と等張になる,といった具合に濃度の違いができる。このようにして,細胞間間隙に入った水はナトリウムイオンと混ざり合い,少しずつ漿膜側へと移動する。細胞内の水の減少分は,粘膜側から浸透圧によって細胞内へ引き込まれる水によって補われる。

　ダイアモンドの説明をカーランのモデルと対照させると,ナトリウムイオンを能動輸送する細胞膜(図17のⒶ)はコンパートメントⅠとⅡを仕切るセロハン膜で,上皮細胞の基底部に接する基底膜(図17のⒷ)はⅡとⅢを仕切る珪酸ガラスに相当する。後者の仕切り,すなわち基底膜があることによって,汲み出されたナトリウムイオンは体液と混ざってすぐには希釈されず,細胞間間隙の浸透圧を保ち,それが粘膜側から漿膜側へ向かって常時,水を流す力となる。

　今日では,胆嚢の上皮細胞の外側基底部の膜にはナトリウムイオンを汲み出すしくみ(Na^+/K^+-ポンプ)があることがわかっている。さらに,粘膜側の細胞膜にはナトリウムイオンを粘膜側から細胞内へ運ぶための別のしくみもある。また,ナトリウムイオンと並行して,塩素イオンを運ぶしくみもあるので,胆嚢では胆汁に含まれる塩化ナトリウムは上皮細胞の粘膜側から細胞内を経て細胞間間隙へ,さらに基底膜を通過して血管内に吸収される(同時に水も吸収される)。

　胆嚢での実験から考え出された局所浸透圧勾配説[余談2]は,上皮組織一般での水の吸収機構にあてはまるといわれている。しかし,水の移動の力となる浸透圧が上皮細胞の内外でどのように形成されるかは,いろいろな組織,また動物種によって異なっている。カエル皮膚の上皮細胞の外側基底部には胆嚢で見られるものと同じポンプがあるが,体表側(＝胆嚢の粘膜側)でイオ

ンを運ぶしくみは胆嚢にあるものとは異なっている。それはナトリウムイオンを通すチャネルであることが1980年代に入ってから明らかになっていく（6・1節参照）。

> 余談2：細胞膜を介しての物質の輸送は生物学領域で重要なトピックであるが，局所浸透圧勾配説をとくに頁を割いて説明している最近の教科書は少ない。しかし，その提唱者は別の分野で世界的に注目されている人物で，最近一般向けの書籍「銃・病原菌・鉄」を著したジャレド・ダイアモンドである。彼はもともと生物学をハーバード大学で修め，引き続き生理学者として研究を続け，この仮説を発表した。1970年代には鳥類学に興味を移し，そのあと，人類学や進化生物学に移った。世界的なベストセラーとなった上記の本はヨーロッパ文明の成因を批判的に示したものだが，ほかに多くの文明論の書籍を表している。

4. 水を通す分子とノーベル賞

4・1 水を通す粒子

　上皮組織における水の輸送経路を追及した科学者たちの歴史は，かなり長くなってしまい，読み疲れた読者もいるだろう。要約すれば，タウンソンの研究から150年かかったが，ダイアモンドの研究によって，水は電解質と連動して細胞間間隙に向かって移動する，と理解されたのである。しかし，水という分子が細胞膜のどこをどのようにして通過するかについては，まだわからなかった。ダイアモンドのあと，研究は急速に進み40年ほどで，カエル皮膚の細胞膜には水を通す分子があることまでわかってしまう。第4章では，水を通す分子がどのようにして発見されたかを，まず紹介したい。

　細胞膜が水を通すということは，細胞という概念ができたころ，すでに現象としては明らかだった。1800年代に始まった浸透圧の研究は，細胞膜が水のような小さな分子だけを通すという半透性を持つことを示してきた。しかし，細胞膜の構成成分を物理化学的に考察したオバートンは，細胞膜はむしろ水を通しにくい性質を持つと結論した。現実には細胞膜は水を通す。当時は，水分子は脂質二重膜を構成するリン脂質の分子のすきまを"漏れて"移動すると考え，理論と現実との妥協を図るしかなかった。

　1950年ころから筋肉や神経の細胞を用いた電気生理学実験によって，細胞膜には各種のイオン（Na^+, K^+, Ca^{2+}, Cl^-）を特異的に通過させる，イオンチャネルがあると考えられるようになった。また，赤血球などを用いた研究から，ATPのエネルギーを用いてイオンを能動的に輸送するしくみ（一般にポンプと呼ぶ）の存在も示唆されるようになった。細胞膜に埋め込

まれていると思われる．このような機能を持つ分子の構造が解明されるには80年代半ばまで待たなければならないが，細胞膜にはイオンチャネルやポンプがあることには疑いはなかった．

1972年にシンガー（Singer）とニコルソン（Nicolson）は脂質二重膜でできた細胞膜にタンパク質がモザイク状に埋め込まれているという，画期的なモデルを示した[53]．このモデルに説得力を与えているのは，時を同じくして開発された電子顕微鏡技術によって，タンパク質が細胞膜にまさに埋まっているようすが可視化されたことであろう．細胞を急速に冷凍したあと，これを破断すると脂質二重膜の内面と外面が上手い具合に分かれる．そこを走査型電子顕微鏡で観察すると，二重膜に埋め込まれているタンパク質が露出されて見える．これを凍結割断法（freeze-fracture法）という[54]．

4・2 ブルン効果

凍結割断法は細胞膜で水を通す通路についても，新たな研究の展開をもたらした．体液の水分調節に関心のあった研究者がカエルにある種のホルモンを与え，膀胱をこの方法で調べたのである．その結果は次の節で紹介するが，その前に，どうしてホルモンを与える実験が行われたのか，背景を説明しておこう．

20世紀の初め，ブルン（Brunn）というドイツの医学者が，水の輸送とホルモンとを結び付ける重要な実験を行っている．彼は糖尿病の原因を探っていたのだが，実験上の簡便さからカエルを材料にして研究を続けていた．カエルの脳組織，とくに下垂体後葉からの抽出物注*をカエルに注射すると，皮膚からの水分吸収が増大することを観察した[55]．同様の効果が膀胱と腎臓尿細管での水再吸収に対しても確認された．これは後年，ブルン効果と呼ばれ内分泌学での重要な発見となる．

動物は血液中の栄養分などと老廃物を腎臓で濾過して分け，水と一緒に尿

注*：20世紀半ば，この物質はペプチドホルモンであり，アルギニン・バソトシン（arginine vasotocin, AVTと略す）と同定される．また，哺乳類の腎臓尿細管で水の再吸収を高めるホルモンはバソプレッシンであることも明らかにされる．

として排泄する。腎臓内の濾過器官であるボウマン嚢では，老廃物を含む薄い尿ができる。これをこのまま排泄すると体内の水分が枯渇してしまうので，ボウマン嚢に連なる管状構造である尿細管で水を"再吸収"して体内へ戻す。腎臓で水の再吸収が高まると，排泄される尿の量が減少することになるので，尿細管で水の再吸収を促進させるホルモンを抗利尿ホルモン（antidiuretic hormone；ADH）と総称し，AVT（直前の注＊を参照）がその具体例である。膀胱は尿を一時的に貯めておく器官であるが，カエルの場合，ここから水を"飲む"ということも行うことを第1章で紹介した。だから，膀胱の上皮組織は水の吸収を調べるための研究材料となる。これにADHを与えたところ，細胞膜にある変化が起こり，水分子を通す構造物ができたという報告が現れた[56,57]。

4・3 膀胱膜上に点在する粒子

カエルの膀胱を体内から切り出し，袋状の膀胱のなかを希釈した生理食塩水で満たす。この膀胱を生理食塩水のなかに浸しておく。膀胱の内外で水の移動が起これば，膀胱全体の重さの変化として水の移動量が測定できる。袋の周りの生理食塩水にADHを加えると，膀胱の体積（重さ）は著しく減っていた。ホルモンは膀胱内の水が体内へ吸収されるように作用（すなわち抗利尿作用）したと，解釈された。

シュバリエ（Chevalier）[56]やカチャドリアン（Kachadorian）[57]はこのような水の透過性増大を膀胱膜で観察しておいてから，その粘膜側の細胞膜の構造変化を調べた［刺激のためのADHとしてシュバリエはオキシトシン，カチャドリアンはバソプレッシンを用いた］。膀胱膜の細胞表面を凍結割断法で露出させ，そこに気体状にした金属を吹きつけるフリーズレプリカ法で標本を作り，走査型の電子顕微鏡で観察する。こうして得られた電子顕微鏡像では細胞膜に埋め込まれたタンパク質は小さな粒子として見え，これらは膜の上に多数，不規則に散らばっていた[57]。

ホルモンで刺激した膀胱膜では，この粒子の密な集合が細胞膜のあちこちに観察された。その個所を数えてみると，ホルモンの濃度を上げて水をたく

さん吸収させた標本ほど，集合個所が多かった。このことから，粒子が集合しているところが水の移動を担っているのではないかと想像された。カエルの膀胱では，ADHは水のほかにナトリウムイオンなどの移動にもかかわることが知られていたので，彼ら自身はこの粒子の集合が水の移動だけに関与しているとは結論していない。しかし，水の移動に関与していると思われる構造物が細胞膜に見えたということは，大きな進歩であった。

カエルの膀胱膜での実験の数年後，オオヒキガエル（*Bufo marinus*）の皮膚でも"粒子の集合"が観察された[58]。その粒子は皮膚の顆粒細胞が体表に面する部分の細胞膜に集中して観察されたので，水の透過性が高まることとの関連性が強く示唆された。次の節で紹介するのだが，水を通すチャネルタンパク質が細胞膜から同定され，アクアポリンと呼ばれるようになる。しかし，このタンパク質が最初に発見されたのは，残念ながらカエルの皮膚や膀胱ではなく，赤血球であった。

4・4 アクアポリンの発見

赤血球は細胞膜や関連するタンパク質の研究に最適な実験材料であった。血液のなかから白血球やリンパ球を分けて，赤血球だけを大量に集めることができるからだ。もし，皮膚の組織から1種類の細胞だけを集めようとしたら，酵素処理，細胞の選別などの多くの操作が必要なのと対照的である。実は，細胞膜はリン脂質の膜が二重になってできているという極めて重要な仮説は，20世紀の初めに2人のオランダ人科学者が赤血球のリン脂質の含有量を測定し，赤血球の表面積の2倍分だけあることを見出したことから提唱されたものだった[59]。それから60年あまりあと，アメリカのジョンズ・ホプキンス大学の医学部内科出身の生化学者であるピーター・アグレ（Peter Agre）は，ヒトの赤血球の膜から28 kDaの分子量を持つ新しいタンパク質を見つけ，これが水を通すタンパク質の初めての報告（1988年）となるのである[60]。

赤血球は特有の形，中央が窪んだ円盤状，をしている。このような形を維持するために，細胞内には繊維状のタンパク質が網目状に張り巡らされてい

て，これを細胞内骨格と呼んでいる。その骨格を作るタンパク質の代表としてアクチンやチュブリンなどがよく知られている。網目状の骨格も細胞膜に固定されていないと，細胞内で滑ってしまう。これを防ぐ役割をするタンパク質が細胞膜の細胞質に面した側にあることが1970年代の終わりころ発見され[61]，研究者の注目を集めていた。

そのような役割をするものの一つとしてアンキリン（ankyrin）というタンパク質がある。アグレは，それをさらに細胞膜に固定させる土台となるようなタンパク質を探していた。そして，発見されたものは細胞膜に含まれる膜内在性タンパク質と呼ばれる種類のもので，その含有量が非常に多かったことを1988年の論文で指摘している。しかし，その役割については，細胞内骨格を細胞膜に結び付けているのかもしれないとは言っているが，水を通すタンパク質であるとは言っていない。この論文はこのタンパク質が赤血球だけではなく，腎臓の近位尿細管にもある（集合管にはない）と報告しているから，この論文の著者の頭のどこかには水の輸送にかかわる"チャネル"があったに違いない。

その通りで，3年後には，このタンパク質は複数のサブユニットからなり，細胞膜にあるチャネルと似ているので，CHIP28（channel-forming integral protein of 28kD）と名付けて発表された[62]。矢継ぎ早に，同じ年にはCHIP28のアミノ酸配列を決める遺伝情報を含むcDNAを分離同定した[63]（分子生物学ではこれをクローニングしたと表現する）。これから得られたアミノ酸配列を分析し，CHIP28は細胞膜を6回貫通している部分を持つことを明らかにした（図18）。

さらに，このタンパク質が水を通すチャネルとして機能していることを，カエルの卵細胞を用いたわかりやすい実験で示した[64]（図19）。用いた実験手法は，神経伝達物質に対する受容体の性質を調べるために1980年代初めから盛んに用いられるようになった方法である。どうするかというと，アミノ酸配列の情報を持つmRNAをアフリカツメガエルの卵に注入し，その情報に対応するタンパク質を細胞質で作らせ，さらに細胞膜に発現するのを待ってから，その性質を調べるのである。

4・4 アクアポリンの発見

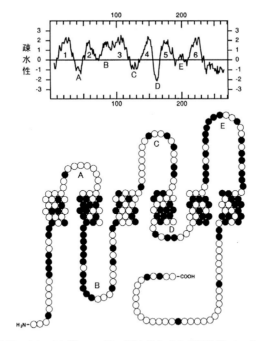

図18 タンパク質CHIP28の疎水性と赤血球細胞膜での存在様式
上図：アミノ酸残基の疎水性をコンピュータ解析した結果。配列の全長の中に疎水性の高い部分が6ヶ所（1〜6）あることが示されている。下図：このタンパク質のアミノ酸配列。A, C, Eのループは細胞外に，B, Dのループとアミノ酸配列のC-末端とN-末端は細胞内へ向いていると考えられる。〇印はアミノ酸の一つ一つを示すが，その種類は簡略のため示していない。黒く塗りつぶした〇印は報告されている類似のタンパク質（MIP26）と同じアミノ酸であることを示す。

　神経伝達物質の受容体を発現させた場合，この卵の反応を確かめる実験方法を理解するには生理学の予備知識を必要とするが，水輸送にかかわるタンパク質が発現されたかどうかは誰にでもわかる。目で見えるのである。mRNA注入後，卵を浸透圧の低い塩類溶液に入れておく。アフリカツメガエルの卵のなかには，各種の塩類やタンパク質があり浸透圧が高い。もし，この卵の細胞膜に水を通すチャネルができれば，細胞の周囲にある水が細胞内へ移動し，細胞は膨らむだろう。その通りにアフリカツメガエルの卵は膨らんだ（図19B）。アグレはこの研究で2003年にノーベル賞を得る。

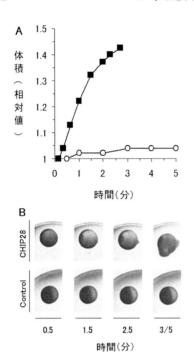

図 19 CHIP28 のアミノ酸配列情報（mRNA）を注入したアフリカツメガエルの卵細胞で観察される水透過性の増大
mRNA を注入したから 3 日後，卵細胞を低浸透圧の塩溶液中に置き，卵細胞の大きさの変化を時間を追って観察した．A：浸透圧による膨張の時間変化を CHIP28 の mRNA を注入した卵細胞（■）とコントロールの卵細胞（○）で記録した．前者では 3 分後に破裂してしまったので，以後の記録がない．B：各時間での卵細胞の写真．CHIP28 の mRNA を注入した卵細胞（上段）では 3 ないし 5 分後（3/5）に破裂している．

アグレの研究と同じころ，東京医科歯科大学の佐々木成らはラットの腎臓のタンパク質を調べていた．アグレらの 1988 年の論文では，集合管には 28 kDa のタンパク質はないとしていたが，佐々木らはここから新しいタンパク質を見つけた．そのアミノ酸配列を調べると全体の 42％はアグレらが発見したもの（CHIP 28）と同じであったが，水を通す新規の分子であるとし WCH-CD（water channel of the kidney collecting duct）と命名し，英国の学術雑誌 Nature に発表した[65]．彼らは，これがバソプレッシンの作用を受けて，腎臓において水の再吸収を調節するタンパク質であろうと考察した．佐々木は腎臓での水の再吸収機構の研究で著名な研究者で，カチャドリアンが 1975 年に電子顕微鏡写真で示唆した小さな粒子は水を通すタンパク質の分子であると，この論文で初めて明らかにしたといえるだろう．

これらの二つの，水を通すタンパク質が発表されると，そのあと，次々と類似したタンパク質が発見されていった．これらは水を通す穴という意味からアクアポリン（aquaporin；ラテン語で aqua は水，porus は穴，AQP と略称）と名付けられた．そして，ア

4・4 アクアポリンの発見　　　　　　　63

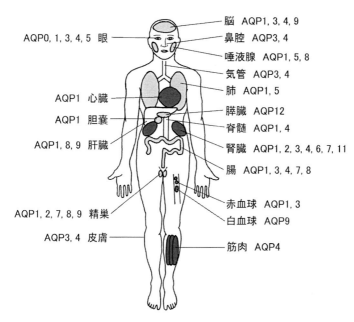

図 20　アクアポリンの全身分布
(佐々木成　編著，みずみずしい体のしくみ−水の通り道「アクアポリン」の働きと病気，第 19 回「大学と科学」公開シンポジュウム講演収録集，クバプロ，2005 年より。原図を改変して示す。)

　アグレが最初に発見したものを AQP1，佐々木の発見したものを AQP2 というように番号を添えて呼ばれている。佐々木がそのように命名しようとアグレに持ちかけたそうで，植物細胞で AQP を発見したもう一人の研究者を合わせた 3 人の連名で，AQP を共通の呼び方にしようと提案した論文がある[66]。

　哺乳類では AQP0 を含み，AQP1 から AQP12 まで，計 13 種類同定され，生体のさまざまな組織の細胞膜にあって，そこでの水の移動にかかわっていると考えられている（図 20）。このほかにも，水を通すが性質が少し異なるアクアポリンがたくさん発見されているが，本書では深入りしない。関心のある読者は佐々木らが非常にわかりやすくまとめた一般向きの本（水とアクアポリンの生物学[67]）があるので，それを見てほしい。

神経や筋肉の細胞でよく知られているナトリウムチャネルやカルシウムチャネルは，最もよく通すイオンを代表して，そのように呼ばれるだけで，ほかのイオンもいくらかは通過できる場合が多い。アクアポリンを通過できる分子は水だけであり，選択性が極めて高いことが特徴となっている。ただし，哺乳類で明らかにされている13種類ものAQPのなかには，ある種のイオンや気体分子を通過させるものがないわけではない。

水だけを通すという，アクアポリンの特徴はチャネル分子のどこに由来するのかは，発見後10年もしないあいだに明らかにされた[68]。結晶化されたタンパク質を電子顕微鏡で観察する電子線結晶学の手法によって，細胞膜に埋め込まれたタンパク質が実際にどのような形をしているか示されている。それによるとヒト赤血球から単離して得られたAQP1の分子内部の穴の直径はおよそ3Å（オングストローム）で，水分子の直径2.8Åよりわずかに大きいだけであった。このために水より大きい分子は通過できないと考えられる。

新しいタンパク質が報告され，しかもそのアミノ酸配列の情報が公開されると研究は急速に進む。実験材料としてカエルを用いた研究も進んだ。ヨーロッパトノサマガエル（Rana esculenta）の膀胱から，アグレが行ったように新しいタンパク質が取り出され，そのアミノ酸配列も明らかにされた[69]。このタンパク質はfrog aquaporin-CHIPの意味で，FA-CHIPと呼ばれた。この配列をすでに発表されているヒトAQP1と比較すると，相同性は77.4%であった。続いて，オオヒキガエル（Bufo marinus）の膀胱から新しいアクアポリンAQP-tlが見つかった[70]。新規のAQPの論文報告ではアミノ酸配列を明らかにするだけでなく，mRNAをアフリカツメガエルの卵に注入し，発現されたタンパク質が水を通すチャネルとして機能するものであることを実証している。このような実験手順は新しいアクアポリンを同定する際の定石となる。

カエルの膀胱ではADHによって水分吸収が促進され，同じことが腎臓の尿細管でも起きていると4・2節で解説した。だから，カエルの膀胱でのアクアポリンが調べられたのは，腎臓の働きを研究するためのモデルとして利

用されたと言ってよいだろう。カエルの水飲み行動を研究目的としたわけではない。しかし，タウンソンの研究からほぼ200年後，21世紀に入って，カエルの皮膚が水を吸収するしくみを分子のレベルまで掘り下げた研究が始まった。それを次の章で紹介したい。

5. カエルの環境と
アクアポリン

5・1 カエルの皮膚でのアクアポリン

　アクアポリンはカエルの皮膚にもある。これは静岡大学理学部の田中滋康らの研究グループによって報告され，研究が続いている。彼らは研究材料としてニホンアマガエル（*Hyla japonica*）を選んだ。その理由はこの章を読み進んでいただければ，わかってくるだろう。

　静岡大学は大学キャンパスから駿河湾が望める緑あふれる高台にあり，周囲は豊かな自然に恵まれている。近くには水田もあり，そこではニホンアマガエル（**写真6**，口絵3の上段）を容易に採集できる。このアマガエルの腹

写真6　手のひらに乗っているニホンアマガエル（カラー口絵3の上段参照）

部皮膚から，田中らは分子生物学の手法を使って哺乳類のものとは異なる新しいアクアポリンを見出した[71]。そのあと，これと類似のアクアポリンを見つけたので，学名の一部"h"を使い，最初に同定したアクアポリン（AQP）をAQP-h1，次に見つけた2種を順次AQP-h2，AQP-h3と呼び区別している[72]。

AQP1がヒトのからだの各部にあって，かなりいろいろな組織で機能しているのと同じように（図20），新しく見つかったAQP-h1もアマガエルの皮膚だけでなく，膀胱，腎臓，脳，心臓，肺にもあり，それぞれの組織で水の輸送にかかわっていると考えられる。これとは別に，皮膚での水分吸収へのかかわりがもっと深いAQPがあり，それがAQP-h2とAQP-h3である[71,72]。

これらのAQPは，ともに分子量は約29kDaで，哺乳類のAQP1よりほんの少し大きい。AQP-h1，AQP-h2，AQP-h3のアミノ酸の数は順に，271個，268個，271個であり，大きな差はないが，タンパク質の全長を作るアミノ酸の一つ一つを比べると，配列にいろいろな違いがある。しかし，いずれも細胞膜を6回貫通すると考えられることや，膜貫通領域でのアミノ酸配列の特徴などは哺乳類のAQPと同じである。外国産の2種類のカエル（*Rana*属と*Bufo*属）の膀胱からAQPが見つかっていることを前の章の終わりで紹介

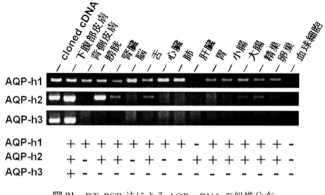

図21　RT-PCR法によるAQP mRNAの組織分布
AQP-h3は下腹部皮膚だけにあることを示している。

したが，いずれも，哺乳類で同定されている 13 種類の AQP のうち AQP1 と相同性が高かった。ニホンアマガエルの AQP-h1 もヒト AQP1 との相同性が高く，その程度を数値化すると 75.8％であった。AQP-h2 と AQP-h3 では相同性はともに 46％以下でかなり低いので，AQP1 とは異なる AQP であると考えられている（後述，5・7 節）。

これらの AQP がカエルのどの組織にあるかを，タンパク質の遺伝情報を持つ mRNA の存在量で示す手法（RT-PCR 法）で調べた結果を図 21 に示す。AQP-h1 はニホンアマガエルのほとんどの組織で発現しているのと比べ，AQP-h2 は腹側皮膚と膀胱に，また AQP-h3 は腹側皮膚だけに発現する

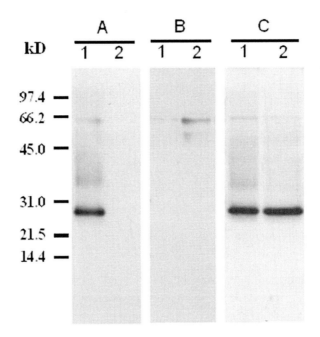

図 22　ウエスタンブロッティング法による抗 AQP-h3 抗体の検討
A：下腹部の皮膚（レーン 1）では分子量 29.0 kDa と 35.9-45.2 kDa のところに免疫反応を示すバンドが見えるが，背部の皮膚（レーン 2）では全く見られない。
B：抗原として用いたペプチドをあらかじめ吸収させておいた抗体では，免疫反応は消えている。
C：糖鎖を分解すると 29.0 kDa だけが見えることを示した実験（詳細は引用文献 71 を参照）。

という特徴が見える。ちなみに，背側の皮膚にはこれらのAQPはない。

"発現"と表現した内容を補足しておこう。これは，mRNAが検出された組織では遺伝情報に基づいてAQPのタンパク質を合成する準備ができているという意味である。"準備"であって，そのタンパク質が組織内の特定の細胞に実際にあるかどうかはわからない。そのため，AQP-h2とAQP-h3のそれぞれに結合する抗体を作り組織と反応させ，それがあるかどうかを確認する必要がある。結合した部位を組織学的な方法で検出できれば，そこに探しているAQPがあることが証明される。

そのための抗体は次のようにして作る。ニホンアマガエルのAQPは約270個のアミノ酸がつながってできているのだが，その一部から10数個のアミノ酸を選び，その配列に従って小さなたんぱく質（ペプチド）を合成し，これを抗原として抗体を作る（できた抗体を一般的には抗ペプチド抗体という）。だから，この抗体は今，検出しようとしているタンパク質（ここではAQP-h2とAQP-h3）のアミノ酸配列すべてを区別するわけではない。そのため，抗原として用いたペプチドと同じ，あるいは非常に似ているアミノ酸配列を持っている別のタンパク質が組織内にあると，それと結合してしまう可能性がある。探しているAQPとは別物を検出してしまっては困るので，得られた抗ペプチド抗体が結合するタンパク質は分子量約29kDaのタンパク質（これがニホンアマガエルのAQP）であることを，ウエスタンブロッティング（Western blotting）法で確認しておく[71]（図22）。その実験手順を具体的に述べると複雑になりかえってわかりにくくなるので省くが，この確認は抗体を用いた組織学の手法で非常に重要である。

5・2 皮膚型と膀胱型のアクアポリン

AQPが動物組織のどの細胞にあるかを調べるには，まず，組織を薄く切った切片と呼ばれるものを作り，AQPに結合する抗体を結合させる。抗体が結合した細胞とそうでない部分を顕微鏡観察で区別するために，この抗体にあらかじめ蛍光物質を付着させておく。蛍光物質を光らせるランプを持つ蛍光顕微鏡で観察すると，そこが光って見える。このような組織学の観察方

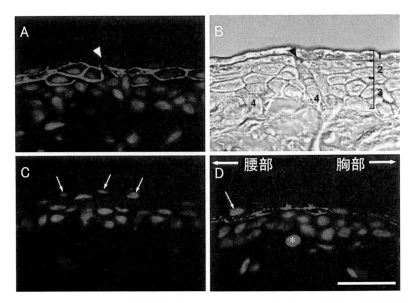

図 23 ニホンアマガエルの腹部皮膚における AQP-h3 の分布（カラー口絵 3 の下段参照）
A：AQP-h3 は顆粒層にある。B：A と同じ切片を微分干渉顕微鏡で観察すると表皮の四つの層が見え，2 が顆粒層である。C：抗体の特異性を示すための吸収実験。D：胸部に近い腹部では QP-h3 がない。A と B での三角印はフラスコ細胞を示す。C と D での矢印や星印は非特異的に反応した細胞を示す。校正バー ＝50 μm

法を蛍光免疫染色と呼んでいる。

　この方法でニホンアマガエルの腹部皮膚における AQP-h3 の分布を調べた結果[71,73]を図で示す（図 23，口絵 3 の下段）。一つ一つの細胞の形が十分区別できる倍率で顕微鏡観察すると，蛍光で光って見えるのは皮膚のうち表皮の顆粒細胞（2・3 節参照）で，その周囲が明るい（図 23 の A）。つまり，AQP は細胞膜にあることがわかる。もう少し詳しく観察すると，細胞の頭頂部（角質層に接する部分）と外側基底部（細胞の両脇と底の部分）の細胞膜が明るい。上皮細胞での水の輸送経路についてのダイアモンドの研究（3・15 節）を思い出してほしい。蛍光免疫染色の結果は，体外の水は細胞の頭頂部から細胞内へ入り，外側基底部から出て，さらに細胞間間隙へ抜けていけることを示している。

　同様の方法で AQP-h2 の分布を調べると，この AQP も顆粒細胞の外側基

底部の細胞膜にあるのだが，頭頂部の細胞膜にはない。だから，体外の水はまず AQP-h3 を通って細胞内へ取り込まれ，外側基底部の細胞膜にある AQP-h2 と AQP-h3 を通って細胞の外，すなわち皮膚の細胞間間隙へ広がっていく。そして真皮にたくさん張り巡らされた血管のなかに入っていくと考えられる。

このように説明すると，AQP-h2 は水の吸収に少ししか役立っていないと受け取られるかもしれない。しかし，そのように結論してしまうのはまだ早い。ある条件をカエルの皮膚に与えると，AQP-h2 の細胞膜での分布が広がることを少しあとで説明するので待ってほしい。

少し前にも述べたように，AQP-h2 と AQP-h3 はアマガエルの背側の皮膚にはない。腹側の皮膚でも部位による違いがあって，腰部（pelvic region）に分布が密で，胸部（pectoral region）の皮膚には少ない（図 23 の D）。これはカエルが水吸収反応を示しているときの姿勢[注*]と一致する。

AQP-h2 は腹部の皮膚だけではなく膀胱にもある（図 21，上から 2 番目のレーン参照）ので，アマガエルの場合"水を飲む"ためだけに発達したのではなく，第 2 章の末尾（2・9 節）で紹介した"究極の飲み方―尿の再利用"にも役立っているだろう。このようなことから，田中らは皮膚だけにある <u>AQP-h3 を腹側皮膚型 AQP</u>，膀胱にある <u>AQP-h2 を膀胱型 AQP</u> と呼んでいる。

5・3　環境とアクアポリン

第 2 章ではいろいろな環境で生息するカエルを紹介した。池から離れて生活する種類では，AQP がからだの組織に豊富にあれば生存に有利ではないかと推測される。そこで日本で手に入る次のようなカエルを集め，AQP が彼らの生息環境と関連するかどうか検討した。

終生，水に浸かった生活をするカエルとして，アフリカツメガエル（*Xenopus laevis*）（水生）。池から出たり入ったりの生活をするウシガエル

注*：後肢を大きく広げた姿勢。腰部を中心に皮膚と地面との接触面積を大きくして水分の吸収効率を高める。2・2 節の写真 5 参照。

表2 カエルの生息環境とアクアポリンの発現

種名	生息環境の型	腹側皮膚型 AQP 腹部皮膚	膀胱型 AQP 腹部皮膚	膀胱
ニホンアマガエル	樹上生	+	+	+
ニホンヒキガエル	陸生	+	+	+
トノサマガエル	半水生	+	−	+
ニホンアカガエル	半水生	+	−	+
ウシガエル	半水生	+	−	+
アフリカツメガエル	水生	+	−	+
アカモンヒキガエル	陸生	+	+	+

(*Lithobates catesbeianus*),ニホンアカガエル(*Rana japonica*),さらにトノサマガエル(*Rana nigromaculata*)(半水生)。オタマジャクシの時期以外は陸上で生活するニホンヒキガエル(*Bufo japonicus*)(陸生)。低木や草むらのなかで生活するニホンアマガエル(*Hyla japonica*)(樹上生)。以上,6種である。

AQP の有無を調べるには二つの抗体(抗 AQP-h2 抗体と抗 AQP-h3 抗体の2種類)を用いた。これらはアマガエルの AQP(h2 と h3),それぞれに特異的に結合する抗体として作られたのだが,実際にはヒキガエルなどの他種のカエルの皮膚とも反応した。そして,これらの抗体を用いて研究が進められた。ニホンアマガエル以外のカエルの皮膚からもそれぞれクローニングをして,その AQP のアミノ酸配列を決め,それに反応する抗体を作り調べるのが正攻法であるが,それは時間と労力を浪費するのでアマガエルの抗体

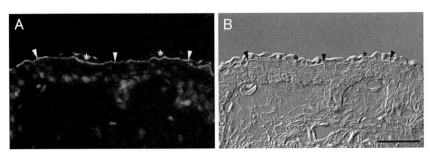

図24 アカモンヒキガエルの下腹部皮膚における AQP-h2 の分布(カラー口絵4の上段参照)
A:AQP-h2 は皮膚顆粒層の細胞の頭頂部(矢頭印)にある。星印は角質層の細胞を示す。
B:A と同じ切片を微分干渉顕微鏡で観察した。校正バー = 50 μm

でいわば代用し，AQPの分布を調べるのである．いろいろな種類のカエルでAQPを比較するにはこれで十分であろう．

こうして6種類のカエルについて調べた結果を表2にまとめた．プラス記号で示したカエルの組織ではニホンアマガエルAQPと非常によく似たタンパク質があった，と読み取ってほしい．タンパク質を検出するのに用いた抗体は，ニホンアマガエルの抗体だからだ．その意味を込めれば，図で膀胱型AQPとあるものは"AQP-h2様（よう，と読む）のAQP"，腹側皮膚型AQPとあるものは"AQP-h3様のAQP"と表記するのが学術的には，より正確となる．結果全体を眺めてみると，腹側皮膚型AQPはすべてのカエルの腹部皮膚にあるが，これに加えて膀胱型AQPを皮膚に備えているものはニホンアマガエルとニホンヒキガエルだけである．この2種類のカエルは水から離れて生活する時間が長い種類である．水から離れるほど，AQPをたくさん身に付けるのだろうか．

このような予想が正しいかどうかは，日本よりもっと乾燥した環境で生活しているカエルを調べればわかるだろう．そのようなカエルの一つ，アカモンヒキガエル（*Anaxyrus*（*Bufo*）*punctatus*）（2・2節で紹介）でのAQPが最近調べられている[74]．予想通りニホンアマガエルとニホンヒキガエルと同様に膀胱型AQPは腹部の皮膚にもあった（図24，口絵4の上段）．しかも，皮膚の顆粒細胞の頭頂部にあった．膀胱型AQPを皮膚に持つニホンアマガエルの場合，このAQPは頭頂部にはなく，外側基底部だけにあった．アカモンヒキガエルでは，皮膚が周囲の水に直接接触する部分に水を通すタンパク質があるわけで，そこでの水分の吸収を助けているに違いない．

アカモンヒキガエルには腹側皮膚型AQPはもちろん，腹部にあるのだが，その領域は腰部だけでなく，もっと胸部に近いところにも分布し，水分を吸収しやすい領域がアマガエルよりずっと広い（第2章の写真5参照）．これらの結果から，どのような種類のAQPを皮膚のどこに持つかはカエルの生息環境と関連している，と言ってよいだろう．

5・4 オタマジャクシにアクアポリンはあるか

　カエルはその種類によって生息環境がかなり違っているだけでなく，どの個体も生まれてから死ぬまでのあいだで，非常に大きな環境変化を経験する。それは誰でも知っているオタマジャクシからカエルへの変態である。1世紀以上前，オバートンは，オタマジャクシの皮膚にはからだの外から水を体内へ通す通路はない，と考えた（3・9節の後半参照）。オタマジャクシの皮膚にはAQPはないのであろうか。表2では，水中生活をするアフリカツメガエルの腹部皮膚には膀胱型AQPはないとなっている。ここからの予想では，膀胱型AQPはオタマジャクシの皮膚にはなさそうである。

　カエルは発生学で昔からよく研究された実験動物なので，卵の細胞分裂から始まりカエルになるまでの発生段階がきちんと数値化されている。たとえば，後肢が生えたオタマジャクシはステージ41，前肢が生えるとステージ42と呼ばれる。ニホンアマガエルのオタマジャクシの皮膚を採取して，これらの発生段階を追って，AQPのタンパク質の発現量をウエスタンブロッ

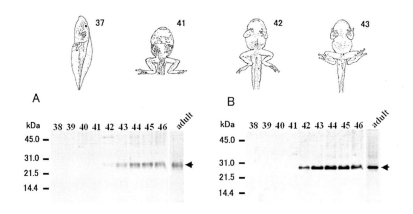

図25 ニホンアマガエル変態過程における AQP タンパク質の発現
A：AQP-h2のウエスタンブロッティング。B：AQP-h3のウエスタンブロッティング。矢印は29 kDaのバンドを示す。各レーンの上に付けた数字（38〜45）は発生段階のステージ番号を示す。ステージ37，41，42，43のオタマジャクシを上に絵で示してある。

ティング法で調べると，前肢ができる前のオタマジャクシでは AQP-h3 と AQP-h2 の両方とも発現していない[75]。しかし，前肢が生えるようになると，まず AQP-h3 のタンパク質（図 25 の B）が，そのあと，少し遅れて AQP-h2（図 25 の A）が発現してくる。皮膚を免疫組織学の方法で調べると，皮膚の顆粒細胞の外側基底部に AQP-h3 と AQP-h2 とが重なって分布していた。池での生活から陸へ上る時期に，これらのタンパク質が皮膚に準備されているわけである。

5・5　ホルモンによる発現調節

　第4章でカエルの皮膚での水分吸収はホルモンによって調節されるというブルン効果を紹介した（4・2節）。今日では，このホルモンはアルギニン・バソトシン（AVT）というペプチドホルモンであることが知られている。この標的器官はカエルの体内で水にかかわる分子，アクアポリンであることは十分，想像できよう。

　このホルモンの効果を調べてみる。ニホンアマガエルの皮膚を切り出し，AVT（10^{-8}M[注*]）を溶かした溶液に 15-20 分間浸け，その作用を待ってから，AQP-h2 と AQP-h3 のそれぞれに特異的に結合する抗体を用いて組織を調べるのである。5・3節後半で，膀胱型 AQP，すなわち AQP-h2 はニホンアマガエル皮膚の顆粒細胞の外側基底膜にはあるが，頭頂部にはないと述べた。ところが，AVT を作用させると，ここに AQP-h2 がはっきりと現れたのである[76]（図 26A の赤色の蛍光，口絵 4 の下段）。もともとはなかったアクアポリンが現れるまでに，顆粒細胞のなかで何が起きているかについては次の節で説明する。

　一方，AQP-h3 はカエルの皮膚一般に見られる皮膚型 AQP なので頭頂部にはもちろんあるが，そこでの蛍光はホルモンを与える前と比べ，一段と強くなっていた（図 26B の緑色の蛍光，口絵 4 の下段）。皮膚からの水分吸収を促進するため，2種類の AQP の発現量を増やしているのだと考えられる。

注*：溶液のモル濃度を表わすときに生理学で使われる単位。M の 1000 分の 1 は mM，さらに 1000 分の 1 は μM で表わす。

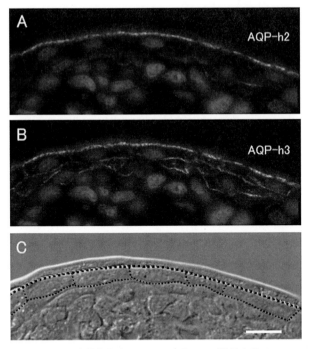

図26 ホルモン AVT を投与したニホンアマガエルの腹部皮膚での AQP の分布
（カラー口絵4の下段参照）
A：赤色で AQP-h2 の局在を示す。B：緑色で AQP-h3 の局在を示す。C：同じ切片を微分干渉顕微鏡で観察し，顆粒層の細胞の頭頂部の位置を赤の点線と緑の線を書き加えて示す。黒の細い点線は同じ細胞の外側基底部の位置を示す。校正バー = 10μm

一方，AQP-h2 は膀胱型なので膀胱にはもちろんあるのだが，膀胱に AVT を作用させても，発現量が増えることはなかった。

5・6 トランスロケーション

　細胞膜で機能するタンパク質はアミノ酸を原料にして細胞質で作られ，細胞内に点在する小胞で包みこまれる。そして，細胞内輸送の機構によって細胞膜のしかるべき部位（皮膚顆粒細胞の場合，外側基底部か頭頂部）へ移動し，機能するようになる。これをトランスロケーション（転移とか転置と翻訳される）という。皮膚を構成する細胞のなかでのトランスロケーションの

ようすを調べるには光学顕微鏡の持つ倍率では足りず，電子顕微鏡が必要になる．電子顕微鏡では蛍光を観察できないので，抗体に蛍光色素を付加する代わりに微小な金（きん）の粒子を付けておく．これは，電子顕微鏡では小さな黒い粒子として見える．この手法を免疫電顕法という．この手法によって抗体と反応した細胞内小胞を追跡すれば，皮膚型 AQP の細胞膜上でのトランスロケーションがわかるであろう．

その研究はまだ始まったばかりだが，カエルの膀胱膜の AQP が AVT の作用でトランスロケーションするようすを調べた実験[77]は，皮膚でのトランスロケーションを考える参考になろう．AVT を与える前でも細胞質内に金の粒子が散在して見え，膀胱型アクアポリンがあることがわかる．AVT を与えたあとではこの粒子の数がずっと増えていた．しかも，電子顕微鏡像を見ると，粒子が頭頂部の細胞膜に集まっていた．ホルモンの刺激を受けて AQP-h2 が作られ，これを細胞膜へ送り込むため，たくさんの小胞のなかで待機し，細胞膜周辺に集まっている－と解釈される．蛍光抗体法で調べたときには，ホルモンによる変化は見られなかった（前節末尾の 2 行参照）．しかし，免疫電顕法によって AQP-h2 を細胞膜に埋め込む準備がされていることがわかり，それは膀胱に貯まった尿から水を体内へ取り込みやすくするためと考えられる．

電子顕微鏡像を丁寧に見ると，金の粒子は細胞膜に一様に並んでいるのではなく，ところどころにまとまっていることもわかった．ホルモンで刺激した膀胱膜を凍結割断法で観察すると，粒々が細胞膜上の何ヶ所かに集合していたという 40 年前の報告（4・3 節）を思い出してほしい．凍結割断法では広がった細胞膜の表面を観察したのであり，ここで説明した免疫電顕法ではこれと直行する断面を観察したのである．

5・7　アクアポリンと両生類の進化

アグレと佐々木らの先駆的研究とニホンアマガエルの AQP を紹介した際に，たびたびアミノ酸配列の相同性に触れた．からだのなかで同じ機能をしているタンパク質は，動物の種類が違っても，似たアミノ酸配列を持つこと

が多く，それは動物の種が近いほど似ているのが一般的である。ヒトAQPとラットAQPでは似ているが，ヒトAQPとアマガエルAQPではかなり違っているという具合である。だから，タンパク質のアミノ酸配列の類似性を調べると，動物の種の違い，すなわち，その違いを生んだ進化の過程を研究できるという考え方がある。

ニホンアマガエルでのAQPはこれまで紹介した3種（AQP-h1，AQP-h2，AQP-h3）のほかに皮膚顆粒細胞の外側基底膜（basolateral membrane）に分布しているAQP-h3BL，腎臓（kidney）の集合管に分布しているAQP-h2Kも同定されている。また，田中らの研究しているニホンアマガエルとは別種のアマガエルである，コープハイイロアマガエル（Hyla chrysoscelis）ではHC-1と名前がつけられたアクアポリンが同定されている[78]。また，アフリカツメガエルではこれまでに5種類のAQP（AQPxloなど）が同定されている[79]。

このようにカエルのAQPのメンバーがかなり増えてきたので，冒頭で説明した考え方に立って，アミノ酸配列の類似性からAQPの進化系統樹を作る試みがなされている[76]（**図27**）。ニホンアマガエルで最初に同定されたAQP-h1はAQP1（哺乳類のアクアポリン）と相同性が高いことを前に説明したが，AQP-h2とAQP-h3は単に発見の順番で2と3と番号が添えられているだけで，ヒトのAQP2とAQP3にそれぞれ相同であるわけではない注*。ヒトAQP2に近いのはAQP-h2Kで，ヒトAQP3に近いのはAQP-h3BLである。AQP-h2とAQP-h3はヒトのAQP1，AQP2，AQP3などとは独立したクラスターを作り，AQPa2という新たなクラスターを作ることがわかった。

注*：AQPは最初にヒトの細胞で見つかったタンパク質であるが，ほかの哺乳類（ラットやマウス）でアミノ酸配列が少し異なるAQPが報告されている。さらに鳥類，魚類などでも多くのAQPが発見されているので，動物名を付けて，ヒトAQP1，マウスAQP1などと呼んで区別するのが普通である。しかし，動物の種類などを表すアルファベットや数字を組み込んで略号としているものもあり，必ずしも統一されていない。
アマガエルでは学名 Hyla japonica の "h" を使って区別し，また新たなAQPが順次1，2，3と見つかったので，AQP-h1，AQP-h2，AQP-h3など，また4種類のAQPが報告されているオオヒキガエル（Bufo marinus，英名はmarine toad）ではAQP-t1〜AQP-t4などと表している。カエルのAQPであることを表すため，両生類（amphibian）を略号に組み込んでAQPaという表す場合もある。

5・7 アクアポリンと両生類の進化

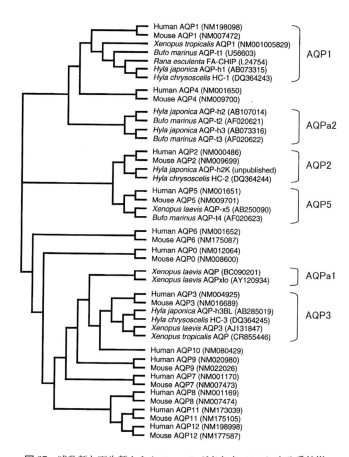

図27 哺乳類と両生類からクローニングされた AQP による系統樹

ニホンアマガエルの AQP-h2K は哺乳類の AQP に非常に近い（AQP2 のグループを参照）。ニホンアマガエルの AQP-h2 と AQP-h3 は独自のクラスターを形成し AQPa2 というグループに分類される。AQPa2 の中にはオオヒキガエルの 2 種類の AQP（AQP-t2，AQP-t3）も含まれている。佐々木らの発見し WCH-CD と命名した AQP はこの図に示されていないが，マウス AQP2 に近い。

AQP-h2 と AQP-h3 はホルモンによって発現が調節されるアクアポリンであることを考えると，水分吸収の調節がとくに重要な両生類はこのようなアクアポリンを，AQP2 や AQP3 などのヒトのアクアポリンとは別個に，進化の過程で獲得したのかもしれない。

5・8 カエルは水を飲みたいと思って飲んでいるのか

　本書ではカエルの皮膚が水を通すことについて，さまざまな角度からの研究を紹介し，これを飲水行動として説明を加えてきた．しかし，カエルは本当に水を飲みたいと思って飲んでいるのであろうか．のそのそ歩き回っているあいだに，たまたま腹部の皮膚が水に触れ，浸透圧の力で水が入ってくるのを利用しているだけで，ヒトが飲みたいと思って行動を起こし，水を飲むのとは本質的に違うのではないか．このような疑問に答えたい．

　まず，喉が渇いて水を飲むまでに私たちのからだのなかで何が起きているのか，簡単に説明しよう．からだの水分量が減少すると，体液の塩濃度は増大し，その結果，浸透圧もわずかであるが上昇する．これらは渇きの感覚を引き起こす．このとき，脳では視床下部の特定の部位でニューロン活動が高まっている．動物実験でこの部位を破壊すると，動物は水を飲まなくなる．一方，ここを電気刺激すると水を飲み続ける．このことから，この部位を飲水中枢と呼んでいる．この中枢を化学的に刺激する物質が知られていて，8個のアミノ酸から血中で作られるアンジオテンシンⅡ（angiotensin Ⅱ；AⅡ）というペプチドホルモンである．ラットの飲水中枢にAⅡを注入すると，数分でラットに飲水行動が起こる．また，高張食塩水を注入しても，同様の行動が起こる．飲水中枢にはAⅡに対する受容体を持つニューロンのほか，浸透圧を受容するニューロンもあると言われている．

　AⅡはすべての脊椎動物で体液の水分調節にかかわっていると，かなり前から言われていて[80]，哺乳類，鳥類，爬虫類，魚類では飲水行動を起こすことが実験的に示されている．しかし，両生類だけは実験的な検証がなかった．カエルは口から水を飲まないので，飲水行動を起こしているのかどうかわかりにくく，実験的に示そうという試みは失敗していた．そこで，アメリカのネバダ大学のヒルヤード（Hillyard）らは腹部の皮膚を湿った表面に押し付けるという，非常に判別しやすい行動を示すアカモンヒキガエル（2・2節参照）を使って実験した[81,82]．

　水を吸収しようとして腹部を押し付ける姿勢を，彼らは"水吸収反応"

(water absorption response；WR）と呼んでいる．これを実験室で観察するために，濾紙をガラス板の上に置き，ここに少量の水を垂らし湿らせておく．水からしばらく離して飼育しておいたアカモンヒキガエルをこの上に静かに乗せる．すると，腰を落とした状態から後肢を大きく広げ，腹部皮膚の接触面積を増やし，水を吸収しやすい姿勢を取る（第2章，**写真5**，口絵2の下段参照）．一方，2 cmの深さに水を貯めた容器に，アカモンヒキガエルを1時間浸しておいてから実験すると，後肢を広げることなく，多くの場合，濾紙からゆっくりと逃げ出してしまった．このことから，水吸収反応は喉が渇いたとき（この表現をカエルにあてはめるのはおかしいが）に示す行動と考えられた．この姿勢を継続している時間を計って，飲水行動を定量化した．また，実際にどれだけ水を飲んだかは，実験の前後の体重を測定しておき，調べた．

次は，アカモンヒキガエルにAⅡを与える実験である．AⅡの投与によって水吸収反応が起こっても，そのときたまたま脱水状態にあれば（喉が渇いていれば），AⅡの効果があったように見えてしまう．そこで，測定の前に前述のようにアカモンヒキガエルには，たっぷり水を飲ませておく．AⅡの投与で水吸収反応が観察されれば，このホルモンの効果があったと推定されるわけであるが，カエルは膀胱にからだに必要な水を貯めることができるので，これがいっぱいであれば，AⅡを与えても水を飲まないかもしれない．また，膀胱の拡張が飲水行動を抑制してしまう可能性もある．そこで，あらかじめ膀胱から尿を抜いておく．これらの条件を整えた個体にAⅡを投与し，水吸収反応を観察した．さらに，アカモンヒキガエルの飲水中枢の受容体にAⅡが直接作用したかどうかを薬理学的に確かめるため，AⅡの投与に先立って，この受容体に対する拮抗阻害剤（サララシン）を与えておいたアカモンヒキガエルも用意し，AⅡだけを投与した個体と比較した．

実験の結果は**図28**と**29**に示したとおり[81]で，AⅡの投与量を増やすと，水吸収反応の時間は長くなり（**図28**），このとき体内へ吸収された水の量は増えていた（**図29**）．AⅡの阻害剤を与えた個体では，この姿勢の持続時間と水の摂取量は抑えられていたので，AⅡによる刺激によって，水を摂取せ

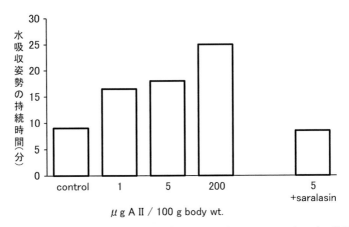

図28　アカモンヒキガエルの水分吸収へのアンジオテンシンⅡ（AⅡ）の効果
30分間観察している間に水吸収反応を続けた時間の平均値で示す。

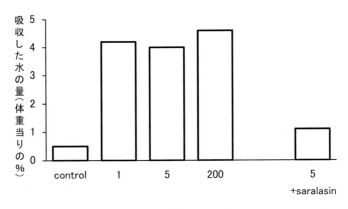

図29　アカモンヒキガエルの水分吸収へのアンジオテンシンⅡ（AⅡ）の効果
30分間観察している間に吸収した水の量の平均値で示す。

よという命令が飲水中枢から下されたのだ，と言ってよいだろう．アカモンヒキガエルの水吸収反応はほかの脊椎動物で観察される飲水行動と同じで，水を飲みたいと思って飲んでいるのだ．

　彼らの実験では，AⅡは腹腔内に与えられたが，その量はほかの脊椎動物

で飲水行動を誘発する量と同等であったし，AⅡに対する阻害剤の効果もはっきりしていたので，AⅡはアカモンヒキガエルの飲水中枢のニューロンに作用した，と考えるのが妥当であろう。AⅡの投与によって水の摂取量は増えたが，これは単に中枢からの命令によって飲水行動の時間が長くなったためだけではないと思われる。なぜなら，飲水中枢が刺激されるとバソプレッシンなどの抗利尿ホルモンの分泌が促されることがラットなどで知られていて，このホルモンは皮膚での水透過性を高めるからである。バソプレッシンと同じ働きをする，カエルでのホルモンは既に何回か触れたアルギニン・バソトシンで，このホルモンはニホンアマガエルで調べるとAQPのトランスロケーションを引き起こす（5・6節）。アカモンヒキガエルなど乾燥地帯で生息するカエルでは，腹部を長い時間，水に密着させるという行動だけでなく，抗利尿ホルモンを分泌して皮膚の水透過性を高めることによって，水の吸収量を増やしているのだろう。

5・9　カエルは飲んでよい水，いけない水を区別する

　このように，アカモンヒキガエルの水吸収反応は水を飲むための行動であることが，実験的に証明された。実験がうまくいったのは，このカエルが水分を得ようと積極的に行動してくれること，さらにこの姿勢を続ける時間を測ることで，飲水行動を定量化できたためである。ウシガエルを用いて同じ測定を試みても，湿らせた濾紙の上にじっと留まらず，逃げ出すことを優先するだろう。ヒルヤードらはこの行動測定法を用い，水以外の溶液に対する飲水行動を調べたところ，大変興味ある結果を得た。アカモンヒキガエルは高濃度の塩類が溶けている水に対しては水吸収反応を止めてしまう，すなわち，飲んではいけない水を区別しているらしいのだ[82]。次の章ではこの行動実験を引き続き説明し，そして砂漠のヒキガエルの皮膚だけにある，もう一つの機能を筆者自身の研究で紹介しよう。

6. 砂漠のヒキガエル

6・1 ヒキガエルは食塩水を嫌う

　第3章で詳しく説明したように，カエルの皮膚が水を吸収できるのは，からだの外の水と体液のあいだに生ずる浸透圧の力による。だから，何か物質が溶けていて浸透圧が高い溶液にからだを接触させることは，カエルにとって危険である。そのような溶液に対しアカモンヒキガエルは飲水行動を起こすだろうか。

　ヒルヤードらは高張液として尿素の水溶液を用意し，これを含ませた濾紙の上にアカモンヒキガエル1匹を静かに置き，水吸収反応（WR）を示すかどうか観察した。別の個体で繰り返して観察し，WRを示す個体がどのくらいの頻度で現れるかを調べた[83]。純水を含ませた濾紙に対してはすべての個体が反応したが，尿素溶液の濃度を 100 mM にすると，反応しない個体が現れた。濃度を 250, 500 mM と順次増やしていくと，反応しない個体数が増え，500 mM の尿素では反応する個体は皆無となった。250 mM の尿素の浸透圧はアカモンヒキガエルの体液の浸透圧とほぼ等しい。これ以上，高い浸透圧の溶液に触れると，彼らは水吸収反応を示すことなく逃げ出してしまったのである。高張液に皮膚を接触し続けたら体内の水分を失ってしまうので，アカモンヒキガエルは賢い判断をしたといえる。高張液はその種類を問わず，アカモンヒキガエルの飲水行動を抑制するのだろうか。

　実験では高張液を作るため尿素を用いたが，この化合物は彼らの生息環境に多いわけではない。アメリカ南西部の砂漠地帯では，海水の10分の1程度の塩分を含む湧き水や沼地はしばしば見られる。このような生息環境で高張液を形成する要因となるのは塩化ナトリウム（食塩）であろう。食塩溶液

6・1 ヒキガエルは食塩水を嫌う

に対しても，尿素溶液の場合と同じように飲水行動を止めるだろうか。さらに検討を加えた。

先の尿素溶液の実験でも，喉の渇いたアカモンヒキガエル（以後，脱水させたカエルと表現する）を用いたのだが，次の実験では脱水状態を一定にするよう注意が払われた。アカモンヒキガエルを水から離して飼育し，体重の10%の水を失わせた個体を実験に用いた（膀胱の尿も除去しておく）。10%の脱水はかなりの脱水であるが，砂漠に生息するアカモンヒキガエルはこれに耐えられるようで，行動の異常は観察されなかった。ヒトの場合，10%脱水すると筋肉の痙攣などが起こり，健康を損ねる。

実験結果は，純水に対して全部の個体が水吸収反応を示したが，250 mMの食塩水に対しては，ほとんどの個体がこの行動を示さなかった[82]（図30）。この食塩水は浸透圧濃度としては 500 mM の尿素溶液とほぼ同じなので，先の実験と同じ結果になったのだろう。しかし，尿素と食塩では生理学的な大きな違いがある。第3章で解説したが，ナトリウムイオンはカエルの皮膚を通る。一方，尿素は通らない。このことが次の実験で大きな違いを起

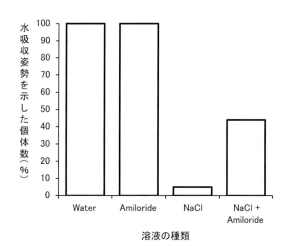

図30　食塩水の忌避行動に対するアミロライドの効果
各種溶液の上にアカモンヒキガエルを置いたとき，水吸収反応を示した個体の出現頻度で示す。NaCl は 250mM の食塩水，Amiloride は 10 μM の溶液，NaCl + Amiloride は二つの混合液

こす。ナトリウムイオンの皮膚での透過を抑えるアミロライド（amiloride）という薬物を食塩水に加えておくと，何と半数くらいの個体が水吸収反応を示すようになったのである（図30）。腹部を高濃度の食塩水に接触させたままでは，体内の水を失ってしまうのにもかかわらず，である。

　ここで，アミロライドという薬物について説明しておこう。アミロライドは利尿作用を持つ薬物として知られている。腎臓の尿細管ではアクアポリンを介して水が再吸収されているが，そのためには尿細管の周りの組織の浸透圧が高く維持されていなければならない。浸透圧を維持する要因の一つがナトリウムイオンで，尿細管にはATPという生体エネルギーを利用して，このイオンを組織へ取り込む機構が備わっている。尿細管の内腔（管状構造物の内側のこと）に面した細胞膜にはナトリウムイオンの通り道となるチャネルがあり，アミロライドはここでのイオンの通過を妨害する。その結果，組織の浸透圧が下がり水の再吸収が抑えられ，体外へ排泄される尿量が増えることになり，利尿作用が現れる。

　腎臓尿細管でナトリウムイオンを通すしくみについては1980年代から研究が進み，上皮性のナトリウムチャネル（Epithelial Na Channel；ENaCと略記する）と呼ばれるチャネルタンパク質が尿細管内腔の細胞膜にあることがわかってきた。ENaCはラットを用いて初めてクローニングされ，アミノ酸配列が解明された[84]。このあとすぐにアフリカツメガエルの腎臓組織を培養して得た細胞（A6細胞系と呼ばれる）からもENaCが同定されている[85]。

　カエルの皮膚にはナトリウムイオンを通すチャネルがあることはウッシングの時代（3・12節参照）より想定されていたが，そのチャネルをナトリウムイオンが通ることが1970年代に入ってから実測された[86]。一方，ウシガエル皮膚から2002年にENaCがクローニングされ[87]，分子としての存在も明らかとなっている。

　行動実験に戻ろう。アミロライドを含む食塩水では水吸収反応を示すアカモンヒキガエルの数が，食塩水だけの場合とは逆に，増えてしまった。このときはナトリウムイオンの流入がアミロライドによって抑えられていたはず

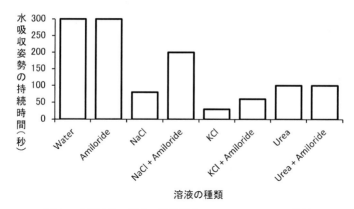

図31 各種溶液に対する忌避行動へのアミロライドの効果
アカモンヒキガエルが水吸収反応を続けた時間の平均値で示す。

だから，食塩水に対する水吸収反応を止めさせる要因になっていたのは流入したナトリウムイオンであろうか。この点をさらに検討した。

脱水させたアカモンヒキガエルを湿った濾紙の上に置き，水吸収反応を示すか，示さないかで飲水行動を測定すると，結果は all or none になりがちで行動を定量的に評価しにくい。浸透圧あるいは流入したナトリウムイオンのような外部からの刺激が十分な強さでないため，すぐには行動を変化させないこともあるであろう。そこで，行動をより定量的に評価するため，つぎの実験では水吸収反応を示す個体数ではなく，その姿勢を取っている時間を秒単位で測定した[82]（図31）。

知りたいことは，行動の引き金になっているのは浸透圧が高いことなのか，あるいは特定のイオン種なのか，である。塩化ナトリウム（NaCl），塩化カリウム（KCl），尿素（$CO(NH_2)_2$），それぞれ 250 mM の高張溶液を使って測定した。どの塩類溶液に対しても，水吸収反応を続ける時間は純水に比べて 10〜30% になったので，溶質の種類を問わず高張液は水吸収反応に対する抑制効果があるといえる。

塩化ナトリウム溶液の場合，水吸収反応は純水と比べ 27% にまで抑えられていたが，この溶液に 10 μM のアミロライドを添加して同じ測定をすると，水吸収反応を続ける時間は 67% くらいまで大きく回復（抑制の軽減）

した（図31の棒グラフなかの左から四つめに注目）。塩化カリウム溶液や尿素溶液に $10\,\mu\mathrm{M}$ のアミロライドを添加した場合には，統計的に有意な大きさの回復はなかった。塩化ナトリウム溶液にアミロライドを添加することで回復した分（67－27＝40％）の行動は，浸透圧による効果というよりも，流入したナトリウムイオン自身の効果でもたらされていた，と推定できよう。上皮性のナトリウムチャネル（ENaC）はカリウムイオンをほとんど通さないと一般的には考えられているので，アミロライドでENaCを阻害しても，塩化カリウム溶液に対する行動は影響されないことはうなずける。

　以上の実験を総合的にまとめ，ヒルヤードらは次のように考えた。アカモンヒキガエルは高張液と純水とを区別しているが，食塩水の場合，その浸透圧だけでなくナトリウムイオンそのものを検出し，区別しているのではないか，と。カエルの生息環境で浸透圧を高める自然な要因はナトリウムイオンであるから，これを検出できるということは生物学的な意味があろう。

6・2　味覚とカエルの皮膚

　読者のなかには，ヒルヤードらの行動実験でアミロライドの効果に注目している理由を計りかねるひともいるのではないか。カエルの皮膚がナトリウムイオンを通過させることは本書で繰り返し説明してきたので，そのイオン透過が阻害されれば，体内の浸透圧に影響し行動の変化くらいは起こっても不思議はない，それがとくに注目すべきことなのかと。

　理由は次の通りである。アミロライドには利尿作用があるだけではなく，ヒトの味覚を変化させる働きがあることが1980年代に報告され，これとアカモンヒキガエルの行動実験とが接点を持つのだ。アミロライドの溶液を口に含んで，舌の表面によく触れさせておいてから食塩水を味わってみると，塩味がわずかしか感じられなくなってしまう。一方，塩化カリウム溶液を試してみると，アミロライドを口に含む前と味の変化は感じられない[88]。これは，アカモンヒキガエルの飲水行動での結果と，どこか似ているとは思えないだろうか。

　ヒトの味覚での実験に続いて，動物実験が行われ，アミロライドが塩味を

変化させるのは，味を受容する細胞にある ENaC に，この薬物が作用するためであることがわかった[89]。ヒトの味覚の受容器は舌の上に分布していることは誰でも実感していよう。脊椎動物一般に見られるこの受容器はふつう口腔内にあり，味蕾と呼ばれている。ヒルヤードらはカエルの皮膚には味蕾と機能的に同じ受容器（レセプター）があるのではないかと考えた。"機能的に同じ"と限定しているのは，カエルの皮膚に味蕾そのものがあるとは，どの教科書にも書かれていないからである。

6・3　カエルの皮膚の感覚機能

　カエルの皮膚にはどのような感覚受容器が知られているのだろうか。接触刺激，温度，痛み刺激，それぞれに反応する感覚受容器があり，皮膚に分布する脊髄神経がこれら刺激の情報を脳へ伝えている[90,91]。皮膚の感覚受容器を化学的に刺激する物質としてヒスタミンとカリウムイオンが知られているが，これらは皮膚の粘膜側（体表側）から受容器を刺激するのではなく，漿膜側から，すなわち上皮細胞層に分布する脊髄神経の神経末端に直接作用すると考えられている。外側から与えられた化学物質を受容する味蕾のような感覚器は，カエルの皮膚では知られていない。しかし，皮膚にはナトリウムイオンを通す ENaC があるので，ここを通って流入したイオンの濃度がある程度高くなると，それが刺激となってカエルの飲水行動を中断させる，という仮説は立てられよう。1980 年代の後半より，サンショウウオ（両生類）を実験材料として味覚の研究をしていた筆者は，この仮説を検証するため，ヒルヤードと共同研究を行うことになった。これは，海外で実験動物を採集し，そこで実験も行うという，次に紹介するような楽しい経験となる。

6・4　初めてのラスベガス

　筆者はこれまで学会出張などで北米の大都市をいくつか訪ねているが，ラスベガスは初めてだった。この町でコンピュータのソフトやゲーム関係の見本市が開かれることはよく知られているが，学術関係の会議はあまり聞いたことがない。8 月の初め，空港にはネバダ大学ラスベガス校，生物科学部の

写真7 ラスベガス国際空港の出迎えターミナルに設置されたスロットマシーン（カラー口絵5の上段参照）

　スタンリー・ヒルヤード教授が出迎えにくることになっていた。彼に会ったことはない。アメリカの知人が彼の研究を教えてくれ，6・1節で紹介した彼の1993年の論文（題名：ヒキガエルは塩味を皮膚で知る[82]）を読んだだけである。事前の連絡でお互いの風貌を記しておいたので，空港のターミナルのゲートで背を伸ばし気味にこちらを見ている彼はすぐにわかった（90年代まではセキュリティチェックが緩く，ゲートでの出迎えが許された）。半ズボンにTシャツ。アメリカ人の研究者にはよくあるいでたちであるが，それにしても，上下ともかなり着尽くしている。レイバンっぽいサングラスとあわせてネバダの砂漠にはとても合っていた。

　挨拶をすませると，スロットマシーンがすぐに目に入った（**写真7**，口絵5の上段）。手荷物受け取りフロアまで，空港のあちこちでけたたましい音が響いていた。ヒルヤード教授はこれで研究費を稼ぐかと冗談を飛ばした。去年，ここに来ていたらそうしたかもしれない。筆者のこの4年間は研究費に関して，まったくの金欠状態であったからだ。

ヒルヤード教授はチェックインした手荷物が出てくるまでのあいだ，この空港がいかにアクセスがよいかを強調していた。このときは日本からの直行便はまだ開設されていなかったが，国際空港であるし，世界中からカジノへ来るお客さんのため24時間稼動しているという。ホテルはすぐ近くで，宿泊料と食事は安い。お客がギャンブルでお金を落としやすいようにできているのだと，解説してくれた。あとでわかったのだが，ホテルは本当に近い。東京，新宿西口の高層ホテルに泊まろうとした場合，到着する空港は新宿御苑にある，といった距離感覚だ。駐車場は空港と隣りあわせのビルで歩いて行けると，彼はドアのほうを指した。これは便利だなと，空港の建物を出たとたん，熱風がブアーとからだ全身あたり，思わず顔をしかめてしまった。彼は地元なので空港の出口から最も近い駐車場所を知っていて，車まで数分しかかからなかったが，手荷物受け取りで彼がスーツケースを持とうと言ってくれたのを断らなくて良かったと，内心思った。

　駐車場の建物のなかはさらに暑かった。彼の車は白のフォード・マスタング。フロントには大きな銀色の馬のマークが付いた，あの60年代のそれである。普段はジープチェロキーで大学へ通っているのだが今日は奥さんが使っているので，暑いががまんしてくれという。オープンカーである。こんな古い車どうしたのかと聞くと，ネバダは雨が少ないのでこういう車を維持しやすいのだとうれしそうである。こちらも何かうきうきしてきた。太いエンジン音を響かせ，空港からほぼ2マイル北にある大学へ直行した。

　キャンパスの駐車場は彼の研究室のすぐ裏にあり，50 mも歩かず，これまた便利である。キャンパスは夏休みなので閑散としていた。分厚い扉を押して，建物のなかにはいると，よく冷えていた。早速，研究対象の砂漠にすむというヒキガエルを見せてもらった。建物内の飼育室には，アカモンヒキガエル（*Bufo punctatus*）のほかにあとで実験に使うことになる Colorado river toad（*Incilius*（*Bufo*）*alvarius*），さらにオオヒキガエル（*Bufo marinus*）が飼われていて，ヒルヤードはおもにこれら3種類のカエルを研究用に使用している。みな，初めて見るカエルたちである。

6・5　ラスベガスでの研究

　われわれの実験はおおまかに言って，つぎの二つだった。ヒキガエルの皮膚に塩類溶液が触れたとき，皮膚につながる脊髄神経は刺激の情報を伝えているかどうか，調べること。そして，ナトリウムイオンを刺激として受け取る感覚受容器が皮膚のどこかにないか，探すことである。

　水吸収反応を示すカエルはアカモンヒキガエルだけではなく，アメリカ南西部の砂漠地帯に生息するカエルのなかで何種類か知られている。その一つが飼育室で見た Colorado river toad という大型（体重 100 グラム前後）のヒキガエルで，これを実験動物とした。このカエルは和名がないので，本書では簡略のため種小名 alvarius を名前とし，アルバリウスで呼ぶことにする。

　実は，初めはアカモンヒキガエルの脊髄神経から，その応答を記録することを試みたのだが，上手く行かなかった。安定した神経活動が記録できないのである。次節で説明する実験方法でわかるように，麻酔したヒキガエルの腹部を切開したまま数時間も置いておくと，そのあいだに体液は失われる。さらに，腹部を食塩水で刺激する度に蒸留水で洗い流すという操作が必要で，その度に水分は体内へ吸収されるであろう。このような状況では，体重 10 グラム前後と小さなアカモンヒキガエルの皮膚を取り巻くイオン環境は大きく変動してしまうだろう。これが神経活動の不安定要因であろうと思うが，本当のところはわからない。生理学実験では生きた動物を使って再現性のある記録ができることが重要なので，それにふさわしいアルバリウスの方を選んだのである。

6・6　メキシコ国境でのカエル採集

　アルバリウスはアリゾナ州の南西部でメキシコ国境に近いソノラ砂漠[注*]に生息する[92]。われわれはラスベガスからアリゾナ州ツーソンへ飛び，空

注*：ここに生息する野生動物の生態を紹介した，大変古いが当時大ヒットした 1953 年の記録映画がある。"砂漠は生きている"[93] である。今，DVD で見ると上質のカラーとはいえないが，子供のころ見た筆者は非常に感動した覚えがある。この映画にアルバリウスが出てくる。

写真8 ピックアップトラックの前でネバダ大学のヒルヤード教授と筆者（カラー口絵5の下段参照）

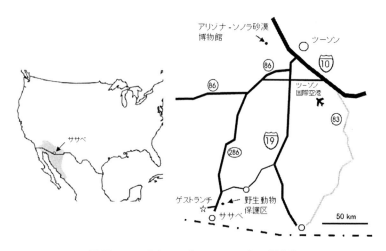

図32 アルバリウス（*Bufo alvarius*）の採集地

影をつけた領域が米国アリゾナ州とメキシコ北部にまたがる生息領域．その中央に国境の町，ササベがある．ツーソンの南部の拡大図を右に示してある．

港で大きなピックアップトラックを借りた（**写真8**，口絵5の下段）．このような車を使うのは，アリゾナ南部の乾燥地では夏に突発的な豪雨があり道

写真9　サワロ国立公園の周辺に広がるソノラ砂漠(カラー口絵6の上段参照)

写真10　286号線の周辺には潅木，草，小型のサボテンが見られる。

路が雨で寸断されることがあるから，車高の高い車が安全だという，共同研究者ヒルヤードの意見によるものだった。ツーソンから道路の86号線を南西へ向って30分も行かないうちに286号線との分岐点にかかる。ここで南に向かえば目的地まで一直線である（図32）。その前にサワロ国立公園（Saguaro National Park）に立ち寄ってみた。そこは小高い場所にあり，すば

写真 11 286 号線の風景（カラー口絵 6 の中段参照）
はるか北を望むと局地的に雨が降っていた。

らしい景色が見渡せ（**写真 9**，口絵 6 の上段），教育用の展示物を並べた小さな博物館が付属している。

　サボテンは砂漠と結び付けて語られるが，実はサボテンは見渡す限り砂地が続くアラビアの砂漠のようなところでは育たない．サボテンが多いアリゾナ南西部は比較的雨が降る地域で，日本人がイメージする砂漠ではない．乾燥度でいうと，アカモンヒキガエルが生息するラスベガス近郊のほうがずっと高く，この公園にあるようなサボテンはラスベガス周辺では全く見られない．

　286 号線はササベ（Sasabe）という村にぶつかり，そこでメキシコ国境となるのだが，この一本道の両側には先ほど見た背の高いサボテンはほとんど見られず，低い潅木と草が広がっていた（**写真 10**）．ここはサボテンが生育するのには湿り過ぎなのかもしれない．道路は起伏に富んでいて，低いところでは道路が冠水していたがピックアップでなければ通れないほどではなかった．286 号線の道路のはるか先をみると黒い雲が低くかたまっているのが見えた．その雲から地面へ向かって垂れ下がるように灰色の線が延びている．その周辺だけ雨が降っているのである（**写真 11**，口絵 6 の中段）．そこ

写真 12　一時的な降雨によってできた水溜り

写真 13　カエルになる前に干からびてしまったオタマジャクシ

では一時的に強い雨が降っているのであろう。

　このような雨は，今われわれがいる 286 号線のまわりにもあったようで，あちこちに水溜りができていた（**写真 12**）。この写真では，水は 10 cm くらい溜まっていたが，すぐそばに水はないのだがお盆のような浅いくぼみができていた。よく見ると，その中心に少し黒いものが集まっていた（**写真**

6・6 メキシコ国境でのカエル採集

写真 14 286 号線の東側の野生動物保護区を示す看板

13)。何だかわかるだろうか。オタマジャクシである。卵から孵化してオタマジャクシになったのだが，カエルになる前に水が干上がってしまい死に至ったのだ。死んだのは 2, 3 日前のことらしい。オタマジャクシは生乾きだった。くぼみの真ん中に集まっているのは池が徐々に干上がって行ったことを示している。この写真の中央部は丸まると太ったオタマジャクシが写っているが，その左下に黒く見えるのは干からびたオタマジャクシだ。オタマジャクシから変態してカエルになると体の大きさは一旦小さくなるので，この写真では分りにくい。しかし，肢は十分できているが，まだ尻尾が残っている段階のオタマジャクシであると見て取れた。水から丘に上がる直前で，予定より早く水がなくなってしまったのだ。ローマ時代ポンペイの発掘現場の超ミニュアチュア版を見ているようだ。一時的な雨は子孫を残すチャンスをくれたが，この辺りの土質は水を貯めるには適さず，カエルにとってなかなか厳しい自然環境だ。

　286 号線の東側一帯は野生動物保護区（**写真 14**）になっていて，アルバリウスがたくさんすんでいるという。この道路がアルバリウスの採集場所だとヒルヤードは説明してくれたが，カエルは一匹も見られず，それらしくは見えなかった。夜になるとわかると，ヒルヤードは笑っていた。

6. 砂漠のヒキガエル

写真 15 メキシコ風の造りのゲストランチ

　道路の終点であるササベにはゲストランチ（観光用の牧場を備えたホテル）がある。客室は 20 ほどの小さなホテル（**写真 15**）だが，われわれはここに泊まるので，まずは荷物を部屋に運んで夜になるのを待った。そして，懐中電灯を持って 286 号線へ向かった。車を運転しながらヒルヤードはヒキガエルの捕まえ方を説明してくれた。車のヘッドライトで照らされている道路脇をよく見ていると，保護区から出てきたカエルが見つかるという。車のスピードを落としてから数分進むと，彼は車を急停車させ，"*There!*"と叫んだ。それっとばかり，車を飛び出しヘッドライトに照らされた前方をみると，黄緑色のあのヒキガエルが 2 匹，道路に座っていた（**写真 16**，口絵 6 の下段）。さっと素手でつかんだ。アルバリウスには強力な毒腺があるのだが，非常に強くつかまない限り毒の放出はなく危険ではない。とはいえ，つかみ方が遠慮勝ちにならざるを得なかった。1 匹は捕まえたが，もう 1 匹はもたもたしているあいだに舗装道路の東側へ逃げられてしまったのだが，そこは野生動物保護区で追いかけることはできなかった。

　ヒキガエルがいるといわれたとき，筆者にはそれが見えていなかった。スピードを落としているとはいっても，動いている車からヒキガエルを見つけるのは難しい。車を停めヒキガエルを捕まえるを繰り返して保護区の端まで

写真 16 車のヘッドライトで照らされたアルバリウス（カラー口絵 6 の下段参照）

来ると，今度は同じ道を引き返したが，帰り道の終わり近くになってようやく，車のなかから自分で見つけることができた．深夜の道路で腰をかがめながらカエルを捕まえる姿は，ほかの人が見たら何をやっていると思うだろうか．しかし，この時間にここで車を運転しているのは，ほとんどわれわれだけだったと言ってよい．実験材料の動物の採集方法としては効率が悪かったが，2 時間ほどの深夜のドライブで 15 匹のアルバリウスを集め，宿へ戻った．翌朝，プラスチックのコンテナの底を水で十分湿らせた砂で覆い，ここに 15 匹を収め，車で一路ラスベガスへ向かった（**写真 17**，口絵 7 の上段）．

　アルバリウスは翌年も採集し実験を継続したが，その際に面白い経験をしたので，脱線するが紹介したい．この年の夏はヒルヤードは学会出席のため採集旅行に同行できなかったので，夜の 286 号線を一人で運転した．ゆっくり運転しながらヘッドライトで浮かび上がるヒキガエルを見つけては，車を止めて採集した．前年の経験が生かされて順調に採集できたのだが，採集のなかほどで対抗車線を走ってくる車があり，それが通過後，引き返して来た．これはまずいなと思った．国境警備隊のパトロール車である．このあた

写真 17　湿らせた土を入れたケースに採集したアルバリウスを入れ，車に積み込むところ（カラー口絵 7 の上段を参照）

りは夜になるとメキシコから国境を越えて歩いてくる不法侵入者があるので，それを監視するため巡回しているのだ．

　ライトをつけたままにした車から 2 人の警官が降り，こちらへ向かってきた．筆者はルイジアナ州の高速道路（Interstate Road）で深夜，速度違反で警官に捕まった経験があり，彼らは銃を向けてくることがあるのを知っているので，今回は何も悪いことはしてはいないのだが緊張した．用向きは明白なので，筆者は両手を上げたまま動かずにいた．パトロールの車からは，頭の毛が黒い男がコンクリートの道路の上で這い回っているのが見えたはずなので，密入国者を待ち受けて車に拾い上げる仲介者だと，きっと誤解しているに違いない．

　何をしているのかと聞かれたので，カエルの採集中だと答えた．車のなかから採集許可書を取り出し，提示した．彼らはそれを懐中電灯にかざして目を通したあと，短く"OK"とだけ言って，終わりになった．少々，物足りなかったので，集めたカエルを見せましょうかと聞いてみたが，彼らは見向きもしなかった．

7. カエルの皮膚: もう一つの働き

最後にわれわれの研究の成果を紹介するが，解剖学と生理学の実験手法になじみのない読者には詳しすぎて読みづらいかもしれない．その場合は読み飛ばして，7・18節に進んでいただきたい．

7・1　神経から記録の開始

ネバダ大学の研究室ではこれまで，神経系の活動を記録する実験は行われていなかった．だから，そのための実験設備も整っていなかったので，記録

写真 18　実験台で記録結果を見直している筆者（カラー口絵 7 の下段参照）
　　　　（1999 年ネバダ大学にて撮影）

用の機器は大学内のほかの研究室で使われなくなったものを借用し，実験台も手作りした．そのときの写真を熟練した研究者が見れば，かなり安易な代物であることがわかってしまう（**写真 18**，口絵 7 の下段）．しかし，そのような環境のなかでも，必要なデータを集めようと意欲満々だった．

脊椎動物には脊髄から出発し，からだの各部に向かって伸びている脊髄神経がある．脊髄神経は左右に 1 本ずつ伸びる神経が 1 対をなし，これがカエルでは 10 対あり[注*]，頸部から尾部へ向かって順に番号で呼ばれる．カエルの腹部では 4 番から 7 番までの脊髄神経が皮膚を支配している．このなかで，アルバリウスが水吸収反応を示すとき水に接触する下腹部の平らで広い領域は，第 5 と第 6 脊髄神経で支配されているので，われわれはこれらの神経の活動を記録した．

麻酔を施したアルバリウスの背部の皮膚を切開し，第 5 脊髄神経を露出しておく．次にカエルをひっくり返し腹部を上向きし，実験台に固定して第 5 脊髄神経の支配領域の皮膚を塩類溶液で刺激する準備を整える．そして，露出した脊髄神経に電極を接触させ，その活動を細胞外記録法で記録する．この方法では多数のニューロンの活動が同時に記録される．皮膚に蒸留水をかけただけで活動電位が観察され，その刺激に反応していることがわかった．脊髄神経はもっぱら機械的刺激を受容するため脊椎動物一般に備わっているもので，われわれが想像する以上に刺激に対して敏感である．

実は，今回の共同実験に先立ってヒルヤードは自分で神経の記録を試み，皮膚を食塩水で刺激すると神経活動が観察されると電子メールを送って来ていた．しかし，脊髄神経が化学刺激に応答していたと言っても，それは機械的刺激に応答していただけではないかと筆者は疑っていた．食塩水で皮膚を刺激する際に，注意しないとその加重が機械的刺激となってしまうからだ．まず，やるべき実験は，アルバリウスの脊髄神経は本当に化学刺激に応答するか確かめることだ．

それはちょっとした工夫で確認できた[94]（**図 33**）．まず，刺激する皮膚

注*：脊髄神経の数は動物の種類によって異なり，ヒトでは 31 対ある．脊髄神経は末梢神経であり，椎骨の脊柱管の内部を通っている脊髄は脳と同じく中枢神経である．

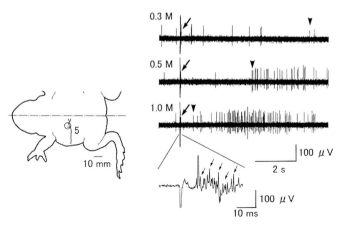

図 33 アルバリウスの脊髄神経（5番）が機械刺激と化学刺激に応答していることを示す実験
右側，上三つのトレースは遅い時間軸，四つ目は早い時間軸で，それぞれ神経の記録を示してある（詳細は本文を参照）。

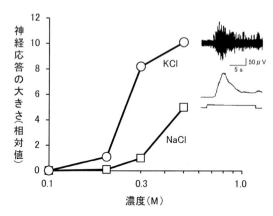

図 34 塩化ナトリウムと塩化カリウム溶液に対する脊髄神経の応答
それぞれの応答は 0.3M NaCl で刺激した場合を基準 (1.0) とした相対値で表示してある。右上に挿入したトレースは 0.5M NaCl によって引き起こされた活動電位の波形とそれを積分して得た波形を示す。積分という手法は神経の応答を定量化するため用いられる。

の領域を出きるだけ狭くし，そこを支配する神経だけが刺激されるようにする。そうすると，図 33 に示すように比較的少数のニューロンの活動電位が

記録できる。皮膚の広い領域を刺激すると図34の右上に挿入したトレースの一番上のような記録となり、個々のニューロンの活動電位が区別できない。

どのようにして刺激する皮膚の領域を狭くするかというと、単純で、刺激として用いる食塩水（塩化ナトリウム溶液）を細いガラス管を通して一滴、100マイクロリットル（μl）程度を滴下する。このとき、わざと機械的刺激が加わるようにしてやる。ガラス管の先端をアルバリウスの皮膚から、数センチほど離れたところに設定し、刺激液を滴下するのである。

刺激液の滴下後20-30ミリ秒（1ミリ秒は1000分の1秒）で活動電位が記録された（図33の最下段に時間軸を早くして示してある、小さな矢印五つで示したのが活動電位）。このように非常に早い時間で起こる応答は、水滴の滴下直後の機械的刺激によると言ってよい。この応答のあと、3秒ほどポーズを置いてから活動電位が連続して発生している（図33の記録、0.5Mの食塩水で刺激した場合を参照）。刺激の開始から反応が起こるまでの時間を生理学では潜時と呼ぶが、機械的刺激ではこのように遅い潜時は起こり得ない。また、刺激強度（＝濃度）を上げると潜時は短くなり、多数の活動電位が発生しているのがわかる（図33の記録、1.0Mの場合を参照）。食塩水が皮膚に接触したあと、濃度が高ければそれだけ早く皮膚内へ浸透拡散して行き、刺激受容部位に到達して活動電位を誘起させた、と考えるのが自然だ。

ただし、潜時が遅いだけでは、化学刺激の証拠にはならないという反論もあるだろう。食塩水の持つ浸透圧の力によって、皮膚の細胞の収縮が起こり、それが機械的刺激になるという可能性もある。しかし、食塩水と同じ濃度の別の塩類溶液（$CaCl_2$, $MgCl_2$, NH_4Cl）による刺激では全く応答しないことから、この可能性は否定できる。付け加えると、塩化カリウムも刺激効果を持つが、カリウムイオンはカエルの皮膚をある程度透過し、神経を刺激することはすでに知られている。

以上の実験から、アルバリウスの脊髄神経は皮膚への接触による機械的刺激に応答するが、それとは別に刺激溶液の化学的性質（濃度、イオンの種

類)に依存した応答をすることがはっきりし,当初の私の疑いは消えた。少し付け加えておこう。ここでの実験では,意図的に皮膚に機械刺激が加わるようにし,化学刺激による応答と対比させたが,以後の実験ではもちろん機械的刺激が加わらないように,刺激液の与え方を工夫している。それでも,動物の呼吸運動にともなって腹部の皮膚が動き,機械的刺激が加わってしまうことなどがあり,安定して記録ができる時間は限られていた。

7・2　アミロライドの抑制効果

腹部皮膚を食塩水で刺激すると脊髄神経が活動していた。だから,食塩水に対して水吸収反応を示しているアルバリウスに,これは危険であると脳へ伝えているのは脊髄神経であろう。この仮説が正しければ,食塩水に添加したアミロライドがヒキガエルの飲水行動を変化させたのと対応して,脊髄神

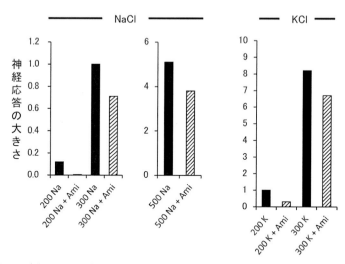

図35　塩化ナトリウムと塩化カリウム刺激による脊髄神経応答へのアミロライド(10μM)の効果　それぞれの応答は300 mM NaCl (300 Na)で刺激した場合を基準(1.0)として表示してあるが,3組の棒グラフで縦軸の大きさが異なることに注意。皮膚をアミロライドで灌流する前の応答を塗りつぶした棒グラフで,灌流した後の応答を斜線付き棒グラフで,表示してある。塩化ナトリウムでの応答が有意に減少しただけでなく,塩化カリウムでの応答も減少している。

経の活動も変化させるはずだ。

それを示す実験の前に、食塩（NaCl）と塩化カリウム（KCl）、それぞれの溶液に対し脊髄神経がどれだけ応答するかを調べたところ、食塩水に対する閾値（神経が応答するかしないかの境目になる刺激強度のこと）は 200 mM を少し越えた濃度であること、塩化カリウム溶液は食塩水よりはるかに大きな応答を引き起こすことなどがわかった（図 34）。

アルバリウスの腹部の皮膚にアミロライドの溶液（10 μM）を 5 分間流し続け（灌流と呼ぶ）、直後に応答を調べると、閾値付近の濃度（200 mM）での食塩水による応答は完全に抑制されていた（図 35）。それ以上の濃度では 70％ 程度に減少するに留まった。一方、塩化ナトリウムに比べてはるかに強い刺激効果を持っている塩化カリウムも、アミロライドによって少し抑制されていた。これらはどのように説明されるかは、行動実験の結果のあとで示そう。

7・3 行動実験での検証

行動実験はアカモンヒキガエルでの手法を踏襲して行った。砂漠に囲まれ

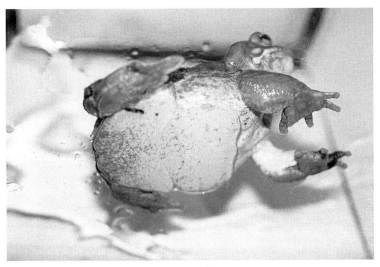

写真 19 アルバリウスの水吸収反応（カラー口絵 8 の上段参照）

たラスベガスでは日本と違い，夏でもほとんど毎日湿度20％以下の日が続くので，水分の蒸発によって体重が10％減少したヒキガエルを簡単に準備できる．アルバリウスを水から離して24時間待つ．体の小さいアカモンヒキガエルでは，もっと早く，2時間，水から離しておくだけで十分に脱水状態になる．脱水したアルバリウスを，水を少量乗せたガラスの上にそっとおくと，水吸収反応を示した（**写真19**，口絵8の上段）．

ガラス板に乗せておく溶液として，蒸留水，食塩水，塩化カリウム液（塩類の濃度は250 mM），さらに，これら3種の溶液それぞれにアミロライド（10 μM）を加えたものを用意した．蒸留水の上には200秒以上留まっていたのに，食塩水の上ではその10分の1以下に抑えられてしまった（**図36A**）．一方，食塩水にアミロライドを混ぜた溶液に対しては，この溶液にお腹を接触させている時間が100秒ほどに回復している．接触させているあいだに水分が失われていると思われるのだが，少なくとも実験開始後100秒までは，それに気が付かないのである．**図36B**は塩化カリウム液に対する

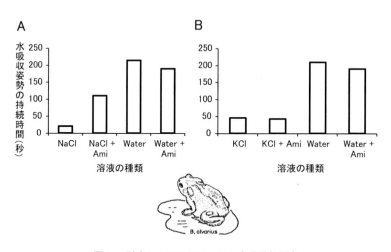

図36 脱水したアルバリウスの水分吸収反応
その持続時間は高浸透圧の塩類溶液（NaClとKCl）によって抑制される．
A：水吸収反応の時間は塩化ナトリウムにアミロライドを加えることによって，回復した（NaCl＋Ami）．
B：塩化カリウムや水に対してはアミロライドを加えても，効果が見られない．

飲水行動を調べた結果である．塩化カリウム液からも逃げ出すが，これをアミロライド添加によって抑えることはできなかった．

これらの結果はアカモンヒキガエルでの実験（図31，6・1節参照）と基本的に同じなので，これ以上の説明は不要だろう．行動実験の結果を脊髄神経の応答と対照させてみよう．食塩水にアミロライド加えておくと腹部を接触させている時間が回復するとはいっても，水を吸収している時間と同じになったわけではなく，半分程度であった．これは，アミロライドによる脊髄神経応答の抑制は部分的であったことと一致している（神経の記録は200 mMと300 mMの食塩水で行ったが，行動実験で用いた250 mMでは神経応答は50％程度に抑制されると推測される）．

塩化カリウムでの行動実験ではアミロライドによる影響が全くなかった（図36B）．しかし，脊髄神経の塩化カリウムに対する応答はアミロライドによって少し抑制されていた（図35）．この不一致はどのように説明されるだろうか．図35の縦軸の目盛りを見ればわかるように，塩化カリウム刺激に対する神経の応答は食塩水に対してより10倍位大きいので（図34も参照），アミロライドで多少抑制されてもヒキガエルの行動は影響されなかった，と考えればよかろう．

7・4　味蕾（味の受容器）は動物のどこにあるのか

味を感じ取る細胞は味細胞といい，これが50から100個，コンパクトに集合し，味蕾と呼ばれる器官を作っている．味蕾はわれわれの舌の上だけでなく口腔内の上皮にもあるが，口腔の外側，すなわち体表にはない．これはヒトだけではなく，脊椎動物一般にあてはまる．しかし，例外があって魚類（サカナ）は口腔内だけでなく頭部から体側部にかけての体表にも味蕾があり，水中の餌を口にしなくても近づくだけで味がわかる（釣り針の餌に食いつくのはこのためともいえる）．

カエルを含めた脊椎動物では，味蕾で受け取った味の情報を脳へ伝えるのは，顔面神経，舌咽神経，迷走神経という3種類の神経であり，これらが伝える感覚が味覚であると教科書に書かれている．これらの神経は口腔内に分

7・4 味蕾（味の受容器）は動物のどこにあるのか

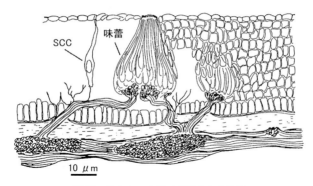

図37 サカナの皮膚で観察される味蕾
SCC：solitary chemosensory cell（味蕾のように細胞集団を作らない，単独の化学受容細胞）

布する味蕾につながっているのが普通なのだが，サカナの顔面神経は口腔内だけでなく，体表にある味蕾にも神経の枝を伸ばすという例外である。このようなことがカエルでも起きていないかというと，ないことはない。水中生活をするアフリカツメガエルでは，顔面神経が口の周りの体表に分布する味蕾につながっていて，サカナの味覚系と似ている。では，われわれの関心のある腹部はどうかというと，腹部の体表に味蕾を持つカエルがいるという研究報告は一つもない。

そもそも，脊椎動物の腹部は脊髄神経の支配領域であって，顔面神経の支配領域ではない。アルバリウスの行動実験や脊髄神経の記録結果は，味覚，とくに塩味[注*]に対する感覚が彼らにあるのではないかと思わせるが，刺激を伝えている神経が脊髄神経である以上，教科書的にはそれは味覚とは言えない。

サカナには体表に味蕾があるが，これは顔面神経支配されていて，われわれの実験の援護にはならない。しかし，われわれを応援してくれる研究報告が見つかった。脊髄神経で支配される味覚受容器を持つサカナが，タラの一種で報告されているのである[95]。このサカナには顔面神経に支配される味

注*：塩味は味の種類の一つで，ほかに酸味，苦味，甘味，うま味があり，これらを5基本味質という。これらの味はそれぞれ異なった受容機構を持っていて，ENaCは塩味の受容に中心的な役割を果たしている。

蕾も，もちろんあるが，脊髄神経で支配される味覚受容器は味蕾のように細胞の集合体を作らず，独立した1個1個の細胞として体表面に点在するという特徴を持つ（図37）。この細胞は solitary chemsensory cell と呼ばれ，1991年に報告された当時，味覚器として非常に例外的な形態を持つものとして扱われた。しかし，そのあと，形態的に味蕾とは異なるが，味蕾の細胞と似たような受容機構を持つ単一の細胞がつぎつぎと報告されている。

　説明するまでもなく，進化の過程のなかで両生類は魚類と爬虫類のあいだに位置し，哺乳類よりも魚類にずっと近い。カエルは成長の早い段階では水中生活をする点を考えると，魚類が持っていた機能を進化の過程で失わなかったカエルがいないとは言えまい。多様な生物界には例外が必ずあるものだから。

7・5　ヒキガエルの皮膚で味蕾を探す

　図37 に示したような細胞を見つけ，そこへ神経が伸びていることを示すには，どのようにしたらよいだろうか。この場合，伸びているということは，神経が単に細胞に近づいているということではなくて，神経とその細胞が機能的に結びついていることを意味する。この結びつきは，神経と神経のあいだや，神経と筋肉のあいだに見られるシナプスと呼ばれている構造によって実現されている。ある神経と細胞とがシナプスを介してつながっていることを示す方法の一つは，カーボシアニン系色素と総称される蛍光色素を用いた神経標識である。この色素は脂質二重膜でできている細胞膜に溶け込みやすいという性質を持っていて，脂質の含有量が多い神経細胞にはとくによく溶け込む。この色素をほんの少量，神経線維に付着させると細胞膜のなかを拡散し，神経の末端まで到達する。そこにシナプスがあると，それを越えてさらに広がり，神経がつながる相手の細胞，われわれの実験では味蕾のような細胞を，蛍光で標識してくれる。

　この蛍光色素の拡散のために神経細胞が生きている必要はなく，ホルマリンなどで固定した細胞組織にも用いることができる。これは実験作業の上で大きなメリットだった。ラスベガスの大学で神経活動を記録したあと，その

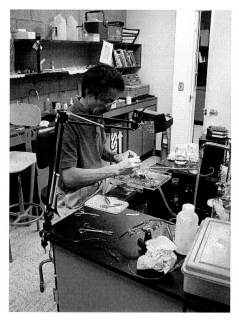

写真 20　神経活動を記録した後，皮膚組織を切り出しているところ

ヒキガエルを固定し日本へ持ち帰り，自分の研究室で時間をかけて，皮膚の組織を調べることができた（**写真 20**）。われわれはカーボシアニン系色素のうち，赤い蛍光を発する diI（略号。ダイアイと読む）を用いた。

7・6　蛍光顕微鏡での観察

アルバリウスの脊髄神経（第 4, 5, 6）を丁寧に追いかけ，皮膚近くまで露出した。神経の断端に蛍光色素 diI を付着させ，色素の拡散を待った（**図 38A**）。このあいだ，2ヶ月。距離は 5 mm 程度であるが，色素の拡散速度はそれほど遅い。味蕾に含まれる味細胞は外からの刺激を受け取るため，頭頂部を外へ向けている。アルバリウス皮膚に味蕾があれば，皮膚の表面には蛍光顕微鏡下で赤く光る細胞が点々と見え，標的を一網打尽にできるはず，と考えていた。しかし，当初の実験ではそれらしいものは見えなかった。

アカモンヒキガエルやアルバリウスなど砂漠地帯に生息するカエルの腹部

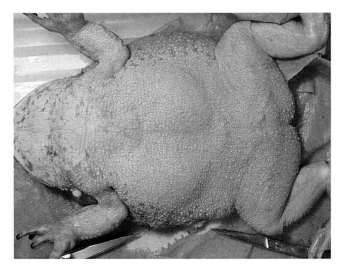

写真 21　アルバリウスのお腹の皮膚は凹凸に富んでいる

表面は水分の吸収効率を上げるため，細かい凹凸に富んでいる（**写真 21** および**図 38B**）。そのため，顕微鏡の焦点を観察対象に合わせづらい。探しているものが見つからなかった原因はここにあると，当初，思っていたが，実はそうではなくもっと本質的な問題があることがあとになってわかった。

観察方法をいろいろ改良した末，ヒキガエルのデコボコした皮膚の隅に（**図 38B** の○印），小さく光る細胞を見出したときの興奮は忘れられない。ここを蛍光顕微鏡で観察した写真が**図 38C** である。教科書に記載されていない，何と呼んでよいかわからない細胞を動物の組織中に観察するということは，初体験だった。写真で矢印を付したものは一個一個分かれた細胞であり，数個の細胞が集まって大きく見えるものもある（矢頭で示してある）。周辺には脊髄神経（ごく小さい矢印 4 個並びで示す）も見えていることが重要だ。

蛍光標識された細胞が分布する部位の見当がつくと，そこを切り出して横断切片にして観察するようになった。**図 38 D** に示したものがそれで，見てわかるように蛍光を発している細胞は皮膚の表面ではなく，少し下がったと

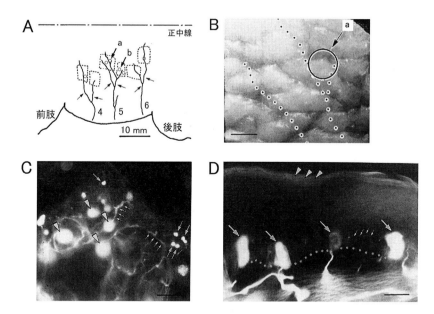

図38 アルバリウス脊髄神経の末端部の蛍光色素 diI による標識
A：腹部皮膚での脊髄神経（4，5，6番）の支配様式を示す。小さな矢印の部位に diI を与えた。点線で四角く囲んだ領域を蛍光顕微鏡で観察した。
B：腹部皮膚の表面の写真。図Aで矢印aで示した○を含む領域である。
C：図AとBで矢印aで示した部分を水平面の切片にして観察した像。小さな矢印は標識された単一の細胞を示す。D：図Aで矢印bで示した部分を横断面の切片にして観察した像。矢印は標識された単一の細胞を示す。
矢頭は皮膚表面の角質層を示す。校正バー ＝1mm（B），100μm（C），25μm（D）

ころに分布している（4本の矢印で示す）。これは全く予想していなかった。

7・7　レーザー顕微鏡による観察

さて，これらの顕微鏡写真を見て，蛍光標識に馴染みのない読者はピンボケした撮りそこないの写真のように思われるかもしれない。通常の蛍光顕微鏡では焦点の合っていないところから出てくる光も捉えてしまうため，このようなボケは光学的に避けられない。しかし，1990年ころから通常の光ではなく，レーザーを用いる顕微鏡が蛍光顕微鏡として使われるようになり，

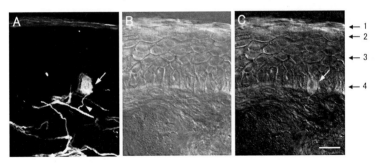

図39 アルバリウス皮膚の横断切片の共焦点レーザー顕微鏡(Zeiss LSM 410)による観察
A：1μm ごとに焦点面をずらせて撮影した 50 枚の像を重ね合わせ，1枚の像とした像。矢印は標識された細胞，矢頭はその細胞へ向かって伸びている神経を示す。
B：横断切片の微分干渉顕微鏡像。
C：A で用いた 50 枚の像から 1 枚を選び，それと同じ焦点面で撮影した微分干渉像に重ね合わせた像。矢印は A で示した細胞と同一。像の重ね合わせによって標識された細胞が，皮膚の胚芽層にある細胞であることが確認される。1：角質層，2：顆粒層，3：有棘層，4：胚芽層　校正バー＝25μm

組織学解剖学に大きな進歩をもたらしている。この顕微鏡（共焦点レーザー顕微鏡）には試料の焦点以外の光を効果的に排除するしくみが備わっていて，焦点の合った鮮明な像が撮れる（**図39A**）。この写真では脊髄神経が細い枝（図中の矢頭）を出し，蛍光で標識された細胞へ向かっているのがわかる。

さらに共焦点レーザー顕微鏡は焦点を順次，例えば 1μm ごとにずらせて連続写真を撮ることができる（光学的切片法と呼ぶ）。この顕微鏡はコンピュータと一体化されていて，これらの写真を画像データとして貯える。そして立体的な画像として再構築し，たとえば写真手前方向に 90 度回転させると，あたかも細胞の下方から覗き込んだような画像を見ることができる。これによって，**図39A** の写真に示した神経の枝が確かにこの細胞へ向かっていることが視覚的に確認できた。

蛍光顕微鏡による観察では，蛍光物質を含む組織に強い照射光（励起光と呼ぶ）をあて，その結果放出される光（蛍光）を捉える。したがって，蛍光物質のないところは何も見えず，写真では黒いままでそこにどのような構造

があるのかはわからない（図39A）。そこで，励起光とは別に，組織を透過する光をあててやると，照射光では見えていなかった周りのようすが見えてくる。その光に光学的な操作を加えて得られる像（微分干渉像という，図39B）と蛍光像（図39A）とを重ね合わせ，一枚にすると全体が見えてくる（図39C）。

　第2章での皮膚の構造についての解説（2・3節）を参照していただきたいが，この微分干渉像を見ると，表皮を構成する細胞層（図39の説明文を参照）が区別できる。さらに重ね合わせによって，diIで標識された細胞は胚芽層にあることがわかる。

7・8　見つかった細胞の機能は何か

　われわれが探していた細胞が表皮の最下層にあるということは予想外のことだった。アルバリウスの皮膚に食塩水が触れたとき，それを検出できる感覚器を想像していたので，味覚器のように刺激を受容する細胞は外界に面しているであろうと思っていたのである。しかし，この予想外の結果は脊髄神経の応答のようすとむしろ一致している。

　一番初めに行った脊髄神経の記録実験を見てみると，応答の潜時は秒単位と非常に遅いが，刺激の濃度を0.3Mから1.0Mへ順次，高くするに従って短くなっている（図33参照）。これは，物理現象としての拡散は濃度が高いほど早くなることに対応している。つまり，食塩水は皮膚に接触したあと皮膚から体内の方へ拡がっていくが，刺激の変換部位が皮膚の表面から離れているので，このように時間がかかるのだと解釈できよう。しかし，食塩水が到達した刺激の変換部位が表皮の最下層で光っている細胞なのか，あるいは脊髄神経の末端なのかは，ここまでの実験ではわからない。

7・9　二つの拡散ルート

　食塩水に含まれるイオン，とくにナトリウムイオン（Na^+）を拡散させるしくみはアルバリウスの皮膚に実際にあるのだろうか。皮膚の一番外側は角質層といわれ，死んだ細胞が積み重なって定期的に剥がれ落ち，両生類の皮

膚ではイオンや水の透過への障害にはならないといわれている。さらに，そのすぐ下の層の細胞はどうであろうか。

カエルの皮膚一般に，上皮性のナトリウムチャネル（ENaC）があることを先に簡単に紹介した（6・1節のなかほど）。それが皮膚のどこにあるかというと，角質層の直下，顆粒層の細胞の頭頂部（皮膚を組織する細胞では外界に近い部分のこと）にある。そこを通って溶液中のNa^+はその濃度勾配に従って細胞内へ流入する。細胞の外側基底部（体内に近い部分のこと）にはNa^+/K^+-ポンプがあり ATP のエネルギーを使って，Na^+は細胞内から外へくみ出される。そのあと，Na^+は顆粒層の細胞間隙を通って，胚芽層へ向かって拡散していくと考えられる。このような経路をここでは仮に経路Ⅰと呼んでおく（図40）。

経路Ⅰの出発点は ENaC であるから，この入り口を塞げばNa^+の刺激効果はなくなるはずである。皮膚を ENaC の阻害剤であるアミロライドで灌流しておいてから，食塩水に対する脊髄神経応答を記録すると，部分的に抑制されたことを覚えているだろうか（図35）。その原因はアミロライドの濃度が不十分で抑制が効かなかったのではなく，Na^+の流入経路には二つあって，塞がれたのは上記の経路Ⅰだけだったためと，われわれは考えている。

では，もう一つの経路は何かというと，皮膚の顆粒層の細胞間にあるタイトジャンクションを通る経路である（経路Ⅱ，図40）。タイトジャンクションは

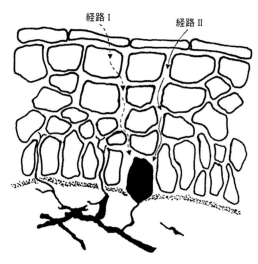

図40　カエル皮膚でのイオンの二つの拡散経路
（点線：経路Ⅰ，実線：経路Ⅱ）

隣り合う細胞を密着させる特別な構造で，哺乳類の皮膚などでは水やイオンの移動を防いでいるが（図 16 と 17，3・15 節参照），両生類の皮膚では高い濃度の Na^+ や K^+ 溶液にさらされると，これらのイオンを通過させる[96]。だから，アミロライドによって抑制されずに残っていた脊髄神経の応答はタイトジャンクションを通過した Na^+ によって引き起こされたものと解釈される。このように，アルバリウスの脊髄神経の応答は経路Ⅰと経路Ⅱを介して起こり，ENaC を経由する前者を細胞膜経路（transcellular pathway），タイトジャンクションを経由する後者を傍細胞間経路（paracellular pathway）と呼んでいる（図 40）。ちなみに，タイトジャンクションを薬物で塞いでしまうことも可能で，そうすると脊髄神経は部分的に抑制される。

7・10 刺激をどこで受け取るのか

Na^+ や K^+ が皮膚の細胞層を拡散していく経路は二つあるが，ともに脊髄神経の活動を引き起こすことに変わりはない。神経の活動はどのようなしくみで起こるのだろうか。二つ考えられる。一つは，蛍光色素で標識されたあの細胞に，食塩水のような化学刺激を受容するしくみがあって，そのあとで神経の活動が起こる（生理学では，刺激によって受容細胞が脱分極し，その結果放出された神経伝達物質が神経に活動電位を発生させる，という一連の過程を考える）。もう一つは，標識された細胞は刺激の受容に無関係で，脊髄神経が直接刺激されるしくみである。

後者はごくあたり前に想定されるしくみである。なぜなら，脊椎動物の皮膚には細い神経（特定の細胞ともつながらないので自由神経終末と呼ばれる）がたくさん分布していて，機械的，化学的刺激に対して応答することはよく知られているからだ。アルバリウスの皮膚でも自由神経終末は，非常にたくさん見られ，とくに胚芽層に多く，ここが刺激の受容部位と考えるのが普通だろう。しかし，われわれは前者の可能性を追いかけた。皮膚のなかに見つかった，あのような細胞群はこれまで報告されていないので，興味を持ったからだ。

筆者の研究領域の立場から，研究の動機をもう少し説明しておこう。感覚

は視覚，聴覚，味覚，嗅覚，皮膚の温度や機械受容に大別されるが，これらの感覚受容器については150年くらい前に顕微鏡による解剖学的な研究が始まり，刺激の受容機構は50年くらい前から生理学的研究が始まっている。最近の研究の主流は，アクアポリンの章で紹介したようなチャネルや受容体の分子構造の研究である。新しい研究成果の報告はもちろんあるが，刺激の受容機構が研究手法の進歩のおかげでさらに詳しくわかった，と言った類が多い。どの感覚受容器も解剖学的には古くから知られているものだ。これではあまり面白くはない。従来考えられていたものとは全く違う，刺激の受容機構なら面白いし，解剖学的にも全く知られていなかった細胞の機能ならば，もっと面白かろう。

　動物の器官や細胞には，19世紀のヨーロッパの解剖学者などの人名がつけられているものが多い。皮膚にある細胞の一つ，メルケル細胞（Merkel cell）はドイツの解剖学者の名前をつけたものであるし，皮膚にはさらにドイツの病理学者が発見したランゲルハンス細胞（Langerhans cell）もある。しかし，20世紀の人の名前が付けられた細胞は非常に少ない。われわれの実験で蛍光色素で光って見えている，カエルの皮膚の細胞がナトリウムイオンを受容する細胞であると証明できたら，将来，自分の名を冠して呼ばれるかもしれない……。そんな野心が頭をかすめた。

7・11　機械的刺激を受容する細胞

　次にやるべきことは，蛍光色素で標識された細胞がメルケル細胞であるか否かを調べることだった。ヒキガエル皮膚では，この細胞が脊髄神経とつながっている感覚受容細胞である可能性が最も高いからだ（メルケル細胞は図5にも描かれている，2・3節参照）。もしメルケル細胞であれば，その周りにゆっくりと拡散してきたイオンによる浸透圧変化が機械的刺激となるという図式が描けるだろう。メルケル細胞には核が大きいなど，細胞小器官に特徴があるので，電子顕微鏡を用いれば容易に判別できる。

　メルケル細胞は機械的刺激を受容する細胞であることは今ではほぼ確定しているが，40年ほど前では，メルケル細胞は神経に近接する付属的な構造

であって，刺激を受容する細胞ではないといわれていた。しかし，メルケル細胞と神経のあいだにはシナプスがあると考えられるようになり，生理学と分子生物学の実験手法を用いてメルケル細胞には機械的刺激を変換するしくみ（イオンチャネル）があることも証明されている[97]。われわれの実験で，皮膚の細胞が diI で標識されるということは，その細胞はシナプスを介して神経とつながっていることを意味するので，標識された細胞はメルケル細胞である可能性がかなり高いと思われた。

一方，メルケル細胞ではないと判定され，それが味蕾の味細胞のように Na^+ など化学物質を受容すると考えられるのならば，従来報告されていないことなのでわれわれの研究は一段と面白くなろう。

7・12　電子顕微鏡による観察

今，蛍光色素で標識された細胞を含む組織を電子顕微鏡観察用に固定し，切片標本を作るとしよう。標本を電子顕微鏡で調べても，蛍光の有無は電子顕微鏡の像には反映されず，どこにその細胞があるのかわからないだろう。そこで，その標本をジアミノベンチジン（DAB）という薬物を加えた処理を施すと，光っていた細胞に黒い沈着物を付けることができる[98]（図41）。この沈着物のため，電子顕微鏡で観察すると，周りの組織より暗く見え，区別できる。電子顕微鏡で観察した結果を見ていただきたい[98]（図42A）。アルバリウスの皮膚に分布するメルケル細胞は細胞質の広い部分を占める大きな核を持つ[98]（図42B）。一方，図42A に示した蛍光色素 diI で標識されていた細胞には，このような大きな核は観察されない。そのほかの構造的違いからも，これはメルケル細胞ではないといえる。再び，これは予想とは異なる結果で，面白くなって来た。

得られた電子顕微鏡像は，標識された細胞と神経とがいわゆるシナプスでつながっていることを，確実に示しているわけではない。**図42**の電子顕微鏡写真で矢印を付けた部分が神経の末端部分であることは示しているが，そこにシナプスがあることを示すに十分な解像度は得られていない。これは皮膚の組織を固定する条件に原因があるのは承知の上，技術的な問題のため妥

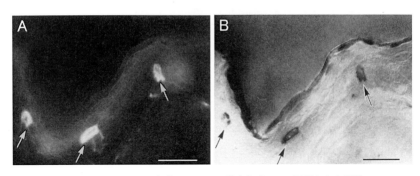

図41 アルバリウス皮膚において，蛍光色素 diI で標識された細胞
A：蛍光顕微鏡による観察
B：A で観察した切片に DAB による処理を施すと，標識された細胞は黒変する。微分干渉顕微鏡による観察。校正バー ＝50μm

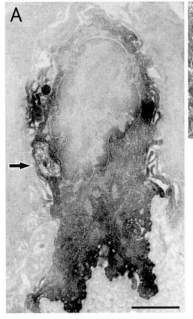
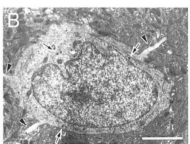

図42 アルバリウス皮膚の細胞の電子顕微鏡による観察
A：蛍光色素 diI で標識された細胞の電子顕微鏡写真。DAB の沈着によって細胞質が黒くなっている。矢印はこの細胞に近接する神経を示す。
B：皮膚の有棘層にあるメルケル細胞の電子顕微鏡写真　大きな核のほか，突起（矢頭）を持つことも特徴である。校正バー ＝2μm

協した結果であることを付け加えておきたい。

7・13　カエルは皮膚で塩味を知る

　蛍光顕微鏡，そして電子顕微鏡で調べてきた細胞がメルケル細胞ではないとわかったので，われわれは次のように考えるようになった。皮膚の細胞層を拡散してきたナトリウムイオンがこの細胞に到達し，味覚器で知られているような刺激変換のしくみを使って，神経の活動を引き起こしているのではないか，と。しかし，塩味の受容と同じしくみを用いていると主張するためには，その細胞にはENaCがあることを示さなければならない。

　それを生理学実験で示すには，このイオンチャネルを通る電流を測ることも一つの方法である。しかし，脊髄神経に密接につながっているこの細胞は固定されて（死んだ状態）いるので，細胞の活動を記録することはできない。ちなみに，生きたヒキガエルの神経に蛍光色素を与えて，標識することには技術的な困難があり，成功していない。カエルの皮膚でのAQPの分布を免疫組織学の手法で調べたのと同じように，ENaCに対する抗体を利用してENaCを同定するのが現段階でできる方法と考えた。

7・14　イオンチャネルと抗体

　ナトリウムイオンを通すイオンチャネルであるENaCについては，第6章の初めで触れた。7章の残りの節を使って，このチャネル分子を免疫組織化学の方法で同定しようとしたわれわれの試みを，ENaCの研究の動向を交えて紹介したい。

　アルバリウスの腹部皮膚のどの部分にENaCがあるのか，それを抗体で示したい。このような場合，一番安易な方法はバイオサイエンスの会社から市販されている抗体を使うことだ。イオンチャネルの研究の最先端を行く研究者がチャネルの抗体を作り発表すると，それに関心を持っている研究者の数が多い場合には，数年後には市販されるようになる。

　しかし，アフリカツメガエルでのENaC（哺乳類と区別するため，学名から1文字を採ってx-ENaCと呼ぶ）はわれわれの研究の数年前に同定された

ばかりであったこと注*，両生類の ENaC を研究している人は少ないため，この抗体は市販されていなかった。両生類の ENaC の1年前に同定された哺乳類の ENaC の抗体は市販されているが，両生類の ENaC は未だに市販されていない。

7・15　抗体をもらう

　公表されたアミノ酸配列のデータを頼りに会社に抗体作製を依頼したとしても，できた抗体が信頼できるものであるかどうか，このようないわゆる外注の経験のないわれわれは不安だった。タイミングのよいことに，われわれがこれまでの成果を論文発表し次の実験に移ろうとした年に，アメリカの研究者が x-ENaC に対する抗体（x-ENaC 抗体と呼ぶ）を作り，その性質を詳しく発表した[99]。われわれはこの研究者と連絡を取り，抗体をわけてくれるよう依頼した。

　このように抗体の供与を受けることは，研究者のあいだではよく行われている。抗体を作った研究者は多くの場合，喜んでほかの研究者に提供する。時間とお金をかけて作ったものを無償で提供する理由は，それを使った研究論文には共著者あるいは協力者として自分の名前が出て業績となり，また多くの研究者に使われることによって，その抗体の重要性が高まるからである。

　ENaC は腎臓尿細管で発見されたイオンチャネルである[84,85]。尿細管の内腔を覆う細胞の，とくに内腔に直接に面している細胞膜に分布し，原尿からナトリウムイオンを再吸収している。アメリカの研究者が作った抗体は，アフリカツメガエル腎臓由来の細胞で同定された ENaC に対する抗体なので，カエルの腎臓の尿細管組織を標識するはずである。空輸してもらった抗体が届くと，早速，試してみた。しかし，期待に反してこの抗体は尿細管の細胞を標識しなかった。その原因として，冷凍して空輸されるはずのものが業者の手違いで融けてしまった，大学のディープフリーザーで冷凍保存して

―――――――――――――――

注*：x-ENaC は1995年に同定された[85]。われわれが神経の記録実験を開始したのは1996年の夏で，蛍光色素での標識実験結果とあわせて論文発表したのは1999年。

いるあいだにタンパク質が変性してしまった（抗体が作られたのは研究論文が発表された時点より数年前），などの事故が考えられたが，試薬の冷凍空輸は信頼できる業者に頼んだし，保存中の変性などはきちんとした研究者なら起こさないもので，いずれも考えにくかった．

7・16　抗体を作る

　腎臓由来の培養細胞で発現している ENaC は，尿細管内腔細胞での ENaC とは実は少し異なるため標識しないという，本質的な欠陥，これはあり得る．しかし，この培養細胞はわれわれの手元にはないので，2 種類の細胞の免疫反応を比較することはすぐにはできなかった．詮索することに時間を浪費するより，他人の手を借りず自分で抗体を作るほうが賢明と判断した．

　抗体の作成には論文に発表された方法を踏襲した．すなわち，ENaC は三つのサブユニット（α, β, γ）からできているが，α サブユニットのアミノ酸鎖のうち細胞外に突き出している部分から 19 個のアミノ酸を選び，これを抗原として抗体を作った．免疫組織化学を自分の研究の中心に置いている研究者はこのような抗体作りを自分で行うのであろうが，そうではないわれわれは抗体作成を業者に委託した．そうして手に入れた x-ENaC 抗体とアフリカツメガエルの腎臓組織切片とを反応させてみたところ，尿細管内腔細胞は見事に標識され，安心した．

　x-ENaC の分子量はすでに知られているので，その大きさのタンパク質と x-ENaC 抗体が特異的に結合するかを検討する実験（ウエスタンブロッティング）も行ったところ，確かに結合していることが確認できた．空輸されてきた抗体には裏切られたが，今度の抗体は使えると喜んだ．果たして，この抗体はアルバリウスの腹部皮膚の細胞に ENaC が発現していることを示してくれるだろうか．

7・17　ヒキガエル皮膚でのナトリウムチャネル

　アルバリウスの皮膚を切り出し，免疫組織化学実験用の切片を作り x-ENaC 抗体を作用させたところ，この抗体は見事に反応してくれ，腹部皮

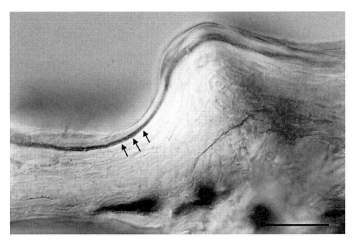

図43 アルバリウス皮膚における抗 x-ENaC 抗体による免疫染色
顆粒層の細胞に免疫反応が観察される（矢印）。校正バー ＝50 μm

膚の最外層の細胞を標識した（図43）。この写真では2番目の細胞層が標識されているように見えるが，一番上の層は角質層でカエルでは生理的な機能のない細胞なので，その下の顆粒層をここでは最外層の細胞と表現している。外界の水やイオンと接触する最外層にナトリウムイオンを通すイオンチャネルがあることが，この実験で示されたことになる。しかし，カエルの皮膚一般にこのイオンチャネルがあることは電気生理学実験で示されているので，特別な発見ではない。われわれが使っている抗体は，アルバリウスの皮膚で ENaC があるべきところに，それがあるのを示してくれている－という点では重要な結果だったが。

　われわれが示したいのは蛍光色素で標識した例の細胞（図38, 39）に ENaC があるかどうかだ。最外層より少し下の層にあるはずの，その細胞を探した。しかし，それらしい細胞はここに示した切片では見えていない。もちろんほかの多くの切片を調べたのだが見つからなかった。この実験の段階にくるまで，期待だけは大きく膨らんでいたので，これにはがっかりであった。蛍光色素で標識された例の細胞を顕微鏡下で初めて観察したときの感動を，再び味わえるとばかり思い込んでいたのだから。

7・18　研究の壁

　冷静になってみると，見つからない理由も思い浮かんだ。蛍光色素による標識で探していたときも，その細胞は皮膚一面に分布していたわけではなく，脊髄神経の神経末端のごく一部と接近して分布していた。神経という手がかりがあって始めて発見できたのだった。今回の免疫組織化学の手法では，皮膚の組織切片のどこに神経が走っているか見えない状態で，いわば闇雲に調べていた。神経を特異的に標識する抗体を使って神経を可視化し，その神経末端を集中して調べれば，x-ENaC 抗体で標識された細胞が見つかるかもしれない。2種類の抗体を用いて，皮膚の組織を調べるのはそれほど難しい実験ではない。

　本章で紹介しているアルバリウスを用いた実験は 1995 年から 2000 年ころに行われたものである。このころは両生類で同定されていた ENaC は，アフリカツメガエルで同定された x-ENaC だけだった。だから，免疫組織化学の方法でこのチャネルを調べる場合，アフリカツメガエル以外の種のカエルであっても，x-ENaC 抗体を使うのはいわば仕方がないことだった。動物種が違えば，その ENaC の構造は x-ENaC とは少し違うのだが，x-ENaC 抗体が反応してくれているので，それを利用しているのである。ニホンアマガエルで同定された AQP-h2,-h3 などのアクアポリンに対する抗体を用いて，ほかのカエルの皮膚にある AQP を調べるのと全く同じ理由である。

　しかし，そのような言い訳を許さない環境が少しずつできてきた。2002 年にウシガエルの ENaC がクローニングされると[87]，x-ENaC との構造に違いが明らかになった。しばらくするとウシガエルの ENaC に対する抗体も作られ，その皮膚でのチャネル分布が調べられた[100]。さらに，ヒキガエルでもわれわれが研究しているアルバリウスとは別種（オオヒキガエル，*Bufo marinus*）であるが，ENaC クローニングがされてしまった[101]。ここまで研究が進んでしまうと，x-ENaC 抗体を用いてアルバリウスの ENaC を調べた結果は，その信頼性に疑問符がつくようになったしまった。自分たちが研究対象にしているアルバリウスの ENaC をクローニングし，そのチャネルに対

図44 研究結果をわかりやすく示した漫画（カラー口絵8の下段参照）

する抗体を作った上で，免疫組織化学を行なわねばならないのだろうか。ヒルヤードと私のほか，免疫組織化学は静岡大学の竹内浩昭氏，電子顕微鏡は横浜市立大学の小山洋道氏に分担してもらって共同研究を進めてきたが，これ以上の余力はなかった。われわれはここで研究を一区切りさせることにした。

砂漠のヒキガエルの行動実験から始まって，このカエルがお腹の皮膚を使って塩辛い水を区別しているということを解剖学，生理学の手法で証明しようとして来た。これは完璧な証明には至らなかったが，やるべきことを一歩一歩進めていく過程は楽しいものであった。そうして得られた結論を小山洋道氏がわかりやすく漫画で示してくれたので，これをまとめとしたい（図44，口絵8の下段）。

あとがき

　私は乾燥地帯にすむカエルの皮膚には，味覚によく似た感覚機能があることを見つけ，学術論文として発表した。これを専門家ではない人たちに説明するためには，カエルが皮膚を使って塩味をどう区別するかよりも前に，「カエルがどのようにして水を飲むか」の解説からしなければいけないことに気づき，本書執筆のきっかけとなった。

　そこで1章は，カエルが皮膚を介して水を吸収することを1785年に初めて論文にしたタウンソンの紹介から始めた。こんなに古い文献を読むのは，私にとって初めてであったし，この論文自体，わが国の研究者の目にも触れていなかったと思われる。そのためタウンソンに関する日本語の文献は皆無であったが，幸いデンマークのヨーゲンセン（Jørgensen, C. B., 1997）がタウンソンの研究について紹介していたので，本書でも大いに参考にしたことを断っておきたい。しかしヨーゲンセンはタウンソンの研究の流れを詳細に追ってはいるのだが，アクアポリンという新しい機能を持つタンパク質に全く注目していないので，4章以降で解説を加えることとした。こうして皮膚を介して水を飲む仕組みに半分以上を費やし，6章，7章においてようやく本題の「皮膚にある味覚に似た感覚機能」について説明することができた。これも18世紀の研究が最先端の研究につながっていることを理解していただけるよう，工夫したポイントの一つである。

　本書の記述のうち，カエルの一風変わった水の飲み方など生態に関連する部分はだれにでも気楽に読んでいただけたと思うが，細胞膜を介する水やイオンの輸送のメカニズムなど生理学的な説明は難しく感じられたことだろう。特に最終章での研究の具体的記述は，読者諸氏にとって難解であったかもしれないが，一つ一つ段階を踏んで記述しないと，研究者の苦労を理解していただけないと考えた末の結果である。また各章の記述でも難易度の落差が大きく，全体の筋が読めないなどという批判を草稿の段階でいただいたこ

ともあった．それらの指摘をできるだけ修正しての上梓となったが，うまく改善できたかは，読者の声を待ちたいと思う．

　本書のなかで欧米の研究者の論文をたくさん引用しているが，著者名の日本語表記については，慶應義塾大学医学部の先生方（金澤哲夫，小町谷尚子，鈴木伸一）にご指導をいただいたことに感謝する．また，多くの種類のカエルをあげて，その生活の一端を紹介しているが，私はカエルの専門家ではない．カエル博士の異名を持つ福山欣司氏（慶應義塾大学経済学部）には原稿にでてくるカエルの生態や種名について多くの御教示をいただけるだけでなく，日本のカエルの写真を提供していただいたことに，あわせて感謝する．さらに，筆者の所属する慶應義塾医学部生物学教室の中澤英夫氏にはパソコンソフトによる作図に助力をいただいたことに，感謝する．原著論文から引用した図は簡略化して示してある．著作権を侵害するため写真として掲載できないものは，線画として筆者自身の手によって書き直した．

　本書の主題であるカエルについては，まえがきで紹介したように，この動物を愛する団体が組織されている．一方，カエルを学生実習で使おうとすると，医学部の学生でも，なかには気持ち悪くて触れないと言い出すものもいる．このように好き嫌いがはっきり分かれる動物を題材にし，細胞膜を介した分子の移動などを解説したのでは，一般書には不向きとの指摘があった．しかし，学生時代より親交があり，40年後の研究生活を終えようとしている今，ふたたび助力をいただいた養賢堂の及川清氏に格別のご理解をいただき，出版にこぎつけたことに，感謝する．

　本書がこれから生命科学に携わる多くの学生たちをはじめ，研究者の目に触れて，自然科学の持つ研究の連続性を考えるきっかけになること，そして学術書の出版社である養賢堂の出版目録に留まって行けることを願う．

　ニホンアマガエルに特有なアクアポリンは，静岡大学理学部教授田中滋康による発見である．彼は両生類の進化における，その意義を明らかにしようとしたが，研究の絶頂期に病に倒れ療養を続けている．先生のご回復を切に願うものである．

　最後に本書を少しでも親しみ易く読んでいただくため，各章の見出しにカ

エルの人形や写真をつけた。人形の多くは学会出張の際に手に入れたもので，出所が曖昧なものもあるが，簡単に付して筆をおくこととする。

　1章　ヒスイでできたカエル（台湾）
　2章　左：コインに座っているカエル（スウェーデン）
　　　　右：ハスの葉に座っているカエルをデザインした装飾ピン（日本）
　3章　左：合成樹脂に色づけしたカエル（インドネシア）
　　　　右：石でできたカエル（日本）
　4章　本に座ったカエルの置物（イギリス）
　5章　トノサマガエルの写真（日本）
　6章　アズマヒキガエルの写真（日本）
　7章　カエルの合唱をもじった小さな瀬戸物（金沢）

2015年2月

長井孝紀

引用文献

まえがき
1) http://www.kyosai-museum.jp

1. 蛙はお腹で水を飲む
2) 石居進（1997），カエルの鼻―たのしい動物行動学―，八坂書房．
3) Townson, R.（1795）Physiological Observations on the Amphibia. PhD dissertation. University of Göttingen.
4) Jørgensen, C. B.（1994）. Robert Townson's observations on amphibian water economy revived. *Comparative Biochemistry and Physiology* **109A**, 325-334.
5) Jørgensen, C. B.（1997）. 200 Years of amphibian water economy: from Robert Townson to the present. *Biological Review* **72**, 153-237.（この総説はカエルの水分吸収についてタウンソンから始まる200年間の研究を詳細に解説しているが，一般の読者には読みにくいであろう．）
6) 広島大学生物学会編（1971）日本動物解剖図説，森北出版，Plate 29.
7) Davy, J.（1821）. An account of the urinary organs and urine of two species of the genus *Rana*. *Philosophical Transactions of the Royal Society, London* **1821**, Part I, 95-100.
8) Gaupp, E.（1904）. *A. Ecker's und R. Wiedersheim's Anatomie des Frosches. I-III*. Braunschweig：Fridrich Vieweg und Sohn.
9) http://www.scenichills.org.au/history_6.htlm
10) チャールズ・R・ダーウィン（荒俣宏訳）（2013）新訳ビーグル号航海記 上，平凡社．

2. 水を巡るカエルの生存戦略
11) 松井正文（2002）中公新書1645 カエル―水辺の隣人，中央公論新社．
12) Hillyard, S. D. & Willumsen, N. J.（2011）Chemosensory function of amphibian skin：integrating epithelial transport, capillary blood flow and behaviour. *Acta Phyiologica* **202**, 533-548.
13) Whitear, M.（1974）The nerves in frog skin. *Journal of Zoology* **172**, 503-529.
14) 田上八朗（1997）中公新書1467 皮膚の医学，中央公論新社．
15) 傳田光洋（2009）ちくま新書795 賢い皮膚，筑摩書房．
16) McClanahan, L. L., Ruibal R. & Schoemaker, V. H.（1994）Frogs and toads in deserts. *Scientific American* **270**, 64-70.
17) McClanahan, L. L. & Schoemaker, V. H.（1987）Behavior and thermal relations of arboreal frog *Phyllomedusa sauvagei*. *National Geographic Research* **3**, 11-21.
18) Tracy, C. R., Laurence N. & Christian K. A.（2011）Condensation onto the skin as a means for water gain by tree frogs in tropical Australia. *American Naturalist* **178**, 553-558.

3. カエルはお腹でどうして水が飲めるのか
19) Edwards, W. F.（1824）*De l'in'uence des agens physiques sur la vie*. Paris：Crochard.
20) Stirling, W.（1877）On the extent to which absorption can take place through the skin of the frog. *Journal of Anatomy and Physiology* **11**, 529-532.
21) ジョン・Z・パワーズ（金子卓也，鹿島友義 訳）（1998）日本における西洋医学の先駆者たち，慶應義塾大学出版会，頁297-300.
22) Richet, G.（2001）The osmotic pressure of the urine—from Dutrochet to Korányi, a trans-European

interdisciplinary epic. *Nephrology Dialysis Transplantation* **16**, 420-424. (この総説にはデュトロシェから始まってファント・ホフら一連の物理学者の歩みが紹介されている)

23) Dutrochet, H. (1839) Endosmosis. In *The Cyclopædia of Anatomy and Physiology* (ed. R. B. Todd), vol. 2, pp. 98-111. London : Sherwood, Gilbert & Piper.

24) Dutrochet, R. J. H. (1827) Nouvelles observations sur l'endosmose et l'exosmose, et sur la cause de ce double phénomène. *Annales de Chimie et de Physique* **35**, 393-400.

25) Dutrochet, R. J. H. (1995) New observations on endosmosis and exosmosis, and on the cause of this dual phenomenon. *Journal of Membrane Science* **100**, 5-7. (上記 24 の完全英訳版)

26) Matteucci, C. (1847) *Leçons sur les phénomènes physiques des corps vivants*. Paris : Masson.

27) Matteucci, C. & Cima, A (1845) Mémoire sur l'endosmose. *Annales de Chimie et de Physique* **13**, 63-86.

28) Robinson, J. D. (1997) *Moving Questions : a history of membrane transport and bioengergetics*. p. 14. New York : Oxford University Press.

29) De Vries, H. (1871) Sur la perméabilité du protoplasme de betteraves rouges. *Arch Néer Scinence Exacte Naturelles*. **6**, 117-126.

30) Pfeffer, W. F. P. (1877) *Osmotische Untersuchungen*. Leipzig : Engelman.

31) van't Hoff, J. H. (1887) Die Rolle des osmotischen Druckes in der Analogie zwischen Lösungen und Gasen. *Zeitschrift für physikalische Chemie* **1**, 481-493.

32) Kleinzeller, A. (1997) Ernest Overton's contribution to the cell membrane concept : a centennial appreciation. *News in Physiological Sciences* **12**, 49-53.

33) Overton, E. (1895) Ueber die osmotischen Eigenschaften der lebenden Pflanzen und Tierzelle. *Vierteljahrschrift der Naturforschenden Gesellschaft in Zürich* **40**, 159-201.

34) Bell, G. H. & Parsons, D. S. (1976) Edward Waymouth Reid : a pioneer investigator of epithelial transport. *Journalof Physiology* **263**, 75-78.

35) Reid, E. W. (1890) Osmosis experiments with living and dead membranes. *Journalof Physiology* **11**, 312-351.

36) Reid, E.W. (1892) Reports on experiments upon "absorption without osmosis". *The British Medical Journal* **1892**, 323-326.

37) Levi, H., and Ussing, H. H. (1949) Resting potential and ion movements in the frog skin. *Nature* **164**, 928-929.

38) Ussing, H.H. & Zerahn, K. (1951) Active transport of sodium as the source of electric current in the short-circuited isolated frog skin. *Acta physiologica scandinavica* **23**, 110-127.

39) Huf, E. (1935). Über den Anteil vitaler Kräfte bei der Resorption von Flüssigkeit durch die Froschhaut. *Pflügers Archiv* **236**, 1-19.

40) Huf, E. (1936). Über aktiven Wasser- und Salztransport durch die Froschhaut. *Pflügers Archiv* **237**, 143-166.

41) Huf, E. G., Doss, N. S. & Willis, J. P. (1957) Effects of metabolic inhibitors and drugs on ion transport and oxygen consumption in isolated frog skin. *Journal of General Physiology* **41**, 397-417.

42) McComas, A. J. (2011) *Galvani's Spark : the story of the nerve impulse*. pp.22-24. Oxford : Oxford University Press.

43) Galeotti, G. (1904) Über die elektromotorischen Kräfte welche an der Oberfläche tierischer Membranen bei der Berührung mit verschiedenen Elektrolyten zustande kommen. *Zeitschrift für physikalische Chemie* **49**, 542-562.

44) Kalman, S.M. & Ussing, H.H. (1954) Active sodium uptake by the toad and its response to the antidiuretic

hormone. *Journal of General Physiology* 38, 361-370.
45) Steinbach, H. B. (1967) On the ability of isolated frog skin to manufacture Ringer's fluid. *Journal of General Physiology* 50, 2377-2389.
46) Kirschner, L. B., Maxwell, R. & Flemming, D. (1960) Non-osmotic water movements across the isolated frog skin. *Journal of Cellular and Comparative Physiology* 55, 267-273.
47) House, C. R. (1964) The nature of water transport across frog skin. *Biophysical Journal* 4, 401-416.
48) House, C. R. (1968) A discussion of some factors relevant to the study of water transport across frog skin. *Archivo di Scienze biologiche* 52, 209-215.
49) Curran, P. F. & MacIntosh, J. R. (1962) A model system for biological water transport. *Nature* 193, 347-348.
50) Diamond, J. M. & Tormey, J. McD. (1966) Role of long extracellular channels in fluid transport across epithelia. *Nature* 210, 817-820.
51) Diamond, J. M. & Tormey, J. McD. (1966) Studies on the structural basis of water transport across epithelial membranes. *Federation Proceedings* 25, 1458-1463.
52) Randall, D. J., Burggren, W. & French, K. (2002) Eckert animal physiology : mechanisms and adaptations. New York : W. H. Freeman and Company. p. 108 (Figure 4-39).

4．水を通す分子とノーベル賞
53) Singer, S. J. & Nicolson, G. L. (1972) The fluid mosaic model of the structure of cell membranes. *Science* 175, 720-731.
54) Pinto da Silva, P. & Branton, D. (1970) Membrane splitting in freeze-etching. Covalently bound ferritin as a membrane marker. *The Journal of Cell Biology* 45, 598-605.
55) Brunn, F. (1921) Beitrag zur Kenntnis der Wirkung von Hypophysenextrakten auf den Wasserhaushalt des Frosches. *Zeitschrift für die gesamte experimentelle Medizin einschließlich experimentelle Chirurgie* 25, 170-175.
56) Chevalier, J., Bourguet, J. & Hugon, J. S. (1974) Membrane associated particles : Distribution in frog urinary bladder epithelium at rest and after oxytocin treatment. *Cell and Tissue Research* 152, 129-140.
57) Kachadorian, W. A., Wade, J. B. & DiScala, V. A. (1975) Vasopressin : induced structural change in toad bladder luminal membrane. *Science* 190, 67-69.
58) Brown D., Grosso, A. & DeSousa, R. C. (1983) Correlation between water flow and intramembrane particle aggregates in toad epidermis. *American Journal of Physiology* 245, C334-C342.
59) Gorter, E. & Grendel, F. (1925) On bimolecular layers of lipoids on the chromocytes of the blood. *Journal of Experimental Medicine* 41, 439-443.
60) Denker, B. M., Smith, B. L., Kuhajda, F. P. & Agre, P. (1988) Identification, purification, and particial characterization of a novel M_r 28,000 integral membrane protein from erythrocytes and renal tubules. *Journal of Biological Chemistry* 263, 15634-15642.
61) Bennett, V. & Stenbuck, P. J. (1979) The membrane attachment protein for spectrin is associated with band 3 in human erythrocyte membranes. *Nature* 280, 463-473.
62) Smith, B. L. & Agre, P. (1991) Erythrocyte M_r 28,000 transmembrane protein exists as a multisubunit oligomer similar to channel proteins. *Journal of Biological Chemistry* 266, 6407-6415.
63) Preston, G. M. & Agre, P. (1991) Isolation of cDNA for erythrocyte integral membrane protein of 28 kilodaltons : Member of an ancient channel family. *Proceedings of the National Academy of Sciences of the United States of America* 88, 11110-11114.

64) Preston, G. M, Carroll, T. P., Guggino, W. B. & Agre, P. (1992) Appearance of water channels in *Xenopus* Oocytes expressing red cell CHIP28 protein. *Science* 256, 385-387.
65) Fushimi, K., Uchida, S., Hara, Y., Hirata, Y., Marumo, F. & Sasaki, S. (1993) Cloning and expression of apical membrane water channel of rat kidney collecting tubule. *Nature* 361, 549-552.
66) Agre, P., Sasaki, S. & Chrispeels, M. J. (1993) Aquaporins : a family of water channel proteins. *American Journal of Physiology : Renal Physiology* 265, F461.
67) 佐々木　成　編 (2008) 水とアクアポリンの生物学. 中山書店.
68) Murata, K., Mitsuoka, K., Hirai, T., Walz, T., Agre, P., Heymann, J. B., Engel, A. & Fujiyoshi, Y. (2000) Structural determinants of water permeation through aquaporin-1. *Nature* 407, 599-605.
69) Abrami, L., Simon, M., Rousselet, G., Berthonaud, V, Buhler, J. M. & Ripoche, P. (1994) Sequence and functional expression of an amphibian water channel, FA-CHIP : a new member of the MIP family. *Biochimica et Biophysica Acta* 1192, 147-151.
70) Ma, T., Yang, B. & Verkman, A. S. (1996) cDNA cloning of a functional water channel from toad urinary bladder epithelium. *Ameican Journal of Physiology : Cell Physiology* 271, C1699-C1704.

5. カエルの環境とアクアポリン

71) Tanii, H., Hasegawa, T., Hirakawa, N., Suzuki, M. & Tanaka, S. (2002) Molecular and cellular characterization of a water-channel protein, AQP-h3, specificically expressed in the frog ventral skin. *Journalof Membrane Biology* 188, 43-53.
72) Hasegawa, T., Tanii, H., Suzuki, M. & Tanaka, S. (2003) Regulation of water absorption in the frog skins by two vasotocin-dependent water-channel aquaporins, AQP-h2 and AQP-h3. *Endocrinology* 144, 4087-4096.
73) 長井孝紀, 田中滋康, 高田真理 (2004) 両生類の環境適応における水チャネル (AQP) と上皮性ナトリウムチャネル (ENaC) 膜 (MEMBRANE) 29, 154-160.
74) Shibata, Y., Takeuchi, H., Hasegawa, T., Suzuki, M., Tanaka, S., Hillyard, S. D. & Nagai, T. (2011) Localization of water channels in the skin of two species of desert toads, *Anaxyrus (Bufo) punctatus* and *Incilius (Bufo) alvarius*. *Zool. Sci.* 28, 664-670.
75) Hasegawa, T., Sugawara, Y., Suzuki, M & Tanaka, S. (2004) Spatial and temporal expression of the ventral pelvic skin aquaporins during metamorphosis of the tree frog, *Hyla japonica*. *Journal of Membrane Biology* 199, 119-126.
76) Suzuki, M., Hasegawa, T., Ogushi, Y. & Tanaka, S. (2007) Amphibian aquaporins and adaptation to terrestrial environments : a review. *Comparative Biochemistry and Physiology, Part A* 148, 72-81.
77) Hasegawa, T., Suzuki, M. & Tanaka, S. (2005) Immunocytochemical studies on translocation of phosphorylated aquaporin-h2 protein in granular cells of the frog urinary bladder before and after stimulation with vasotocin. *Cell and Tissue Research* 322, 407-415.
78) Zimmerman, S. L., Frisbie J., Goldstein, D. L., West, J., Rivera, K. & Krane C. M. (2007) Excretion and conservation of glycerol, and expression of aquaporins and glyceroporins, during cold acclimation in Cope's gray tree frog *Hyla chrysoscelis*. *American Journal of Physiology : Regulatory, Integrative and Comparative Physiology* 292, R544-R555.
79) Virkki, L. V., Franke, C., Somieski, P. & Boron, W. F. (2002) Cloning and functional characterization of a novel aquaporin from *Xenopus laevis* oocytes. *Journal of Biological Chemistry* 277, 40610-40616.
80) Nishimura, H. (1978) Physiological evolution of the renin-angiotensin system. *Japanese Heart Journal* 19, 806-822.
81) Hoff, K. vS. & Hillyard, S. D. (1991) Angiotensin II stimulates cutaneous drinking in the toad *Bufo*

punctatus. *Physiological Zoology* **64**, 1165-1172.
82) Hoff, K. vS. & Hillyard, S. D. (1993) Toads taste sodium with their skin : sensory function in a transporting epithelium. *Journal of Experimental Biology* **183**, 347-351.

6．砂漠のヒキガエル

83) Brekke, D. R., Hillyard, S. D. & Winokur, R. M. (1991) Behavior associated with the water absorption response by the toad, *Bufo punctatus*. *Copeia* **1991**, 393-401.
84) Canessa, C. M., Schild, L., Buell, G., Thorens, B., Gautschi, I., Horisberger, J. D. & Rossier, B. C. (1994) Amiloride-senstive epithelial Na^+ channel is made of three homologous subunits. *Nature* **367**, 463-467.
85) Puoti, A., May, A., Canessa, C. M., Horisberger, J. D., Schild, L. & Rossier, B. C. (1995) The highly selective low-conductance epithelial Na channel of *Xenopus laevis* A6 kidney cells. *American Journal of Physiology Cell Physiology* **269**, C188-C197.
86) Lindemann, B. & Van Driessche, W. (1977) Sodium-specific membrane channels of frog skin are pores : current fluctuations reveal high turnover. *Science* **195**, 292-294.
87) Jensik, P. J., Holbird, D. & Cox, T. (2002) Cloned bullfrog skin sodium (fENaC) and xENaC subunits hybridize to form functional sodium channels. *Journal of Comparative Physiology B* **172**, 569-576.
88) Schiffman, S. S., Lockhead, E. & Maes, F. W. (1983) Amiloride reduces the taste intensity of Na^+ and Li^+ salts and sweeteners. *Proceedings of the National Academy of Sciences of the United States of America* **80**, 6136-6140.
89) Avenet, P. & Lindemann, B. (1988) Amiloride-blockable sodium currents in isolated taste receptor cells. *Journal of Membrane Biology* **105**, 245-255.
90) Catton, W. T. (1976) Cutaneous mechanoreceptors. In *Frog Neurobiology* (ed. R. Linás and W. Precht), pp.169-212. Berlin : Springer.
91) Spray, D. C. (1976) Pain and temperature receptors of anurans. In *Frog Neurobiology* (ed. R. Linás and W. Precht), pp. 607-628. Berlin : Springer.
92) Badger, D. & Netherton, J (1997) Frogs. p. 93. New York : Barnes & Noble Books.
93) Walt Disney Company (1953) The Living Desert (Director, James Algar) ISBN978-4-7747-1893-4.

7．カエルの皮膚：もう一つの働き

94) Nagai, T., Koyama, H., Hoff, K. vS. & Hillyard, S. D. (1999) Desert toads discriminate salt taste with chemosensory function of the ventral skin. *Journal of Comparative Neurology* **408**, 125-136.
95) Kotrschal, K. (1991) Solitary chemosensory cells : taste, common chemical sense or what? *Reviews in Fish Biology and Fisheries* **1**, 3-22.
96) Ussing, H. H. & Windhager, E. E. (1964) Nature of shunt path and active sodium transport path through frog skin epithelium. *Acta Physiologica Scandinavica* **61**, 484-504.
97) Maksimovic, S. et al. (2014) Epidermal Merkel cells are mechanosensory cells that tune mammalian touch receptors. *Nature* **509**, 617-621.
98) Koyama, H., Nagai, T., Takeuchi, H. & Hillyard, S. D. (2001) The spinal nerves innervate putative chemosnsory cells in the ventral skin of desert toads, *Bufo alvarius*. *Cell and Tissue Research* **304**, 185-192.
99) Zuckerman, J. B., Chen, X., Jacobs, J. D., Hu, B., Kleyman, T. R. & Smith, P. R. (1999) Association of the epithelial sodium channel with Apx and a-spectrin in A6 renal epithelai cells. *Journal of Biological Chemistry* **274**, 23286-23295.
100) Takada, M., Shimomura, T., Hokari, S., Jensik, P. J. & Cox, T. (2006) Larval bullfrog skin express ENaC

despite having no amiloride-blockable transepithelial Na$^+$ transport. *Journal of Comparative Physiology B* **176**, 287-293.

101) Konno N., Hydo, S., Yamada, T., Matsuda, K. & Uchiyama, M. (2007) Immunolocalization and mRNA expression of the epithelial Na$^+$ channel alpha-subunit in the kidney and urinary bladder of the marine toad, Bufo marinus, under hyperosmotic conditions. *Celland Tissue Research* **328**, 583-594.

索　引

人名――外国人は姓のみ，日本人は姓名を示す

アグレ	59
ウィリス	10
ウッシング	42, 45
オバートン	36
カーラン	49
ガウプ	12
カチャドリアン	58
ガルバーニ	45
ガレオッティ	45
河鍋暁斎	i, 29
グラハム	35
佐々木成	62
シュヴァリエ	58
シュライデン	14
シュワン	14
シンガー	57
ダーウィン	13
ダイアモンド	50
タウンソン	4
田中滋康	66
デュトロシェ	30
デュ　ブア＝レモン	45
ド・フリース	33
トラウベ	35
ニコルソン	57
ネーゲリ	33
ヒルヤード	80
ファント・ホフ	36
フーフ	44
フック	32
プフェッファー	35
ブルン	57
ベルツ	29
ボルタ	45

| マテュシ | 32 |
| リード | 39 |

カエルの種名

アカモンヒキガエル	15, 18
アズマヒキガエル	2
アフリカツメガエル	2, 15
アルバリウス	92
イエアメガエル	23
ウシガエル	2, 15
オオヒキガエル	59, 64
キマダラフキヤガマ	13
コーチスキアシガエル	20
コープハイイロアマガエル	78
ソバージュネコメガエル	21, 26
ツチガエル	2
トウキョウダルマガエル	2
トノサマガエル	15
ニホンアマガエル	15
ニホンヒキガエル	15
マルメタピオカガエル	21
モリアオガエル	21
ヨーロッパアカガエル	4
ヨーロッパアマガエル	4
ヨーロッパトノサマガエル	5

解剖用語

温泉	28
カーボシアニン系色素	110
外側基底部	70
顔面神経	108
共焦点レーザー顕微鏡	114
蛍光色素	110
蛍光免疫染色	70
細胞間間隙	51
細胞膜	33
ジアミノベンチジン（DAB）	119

脂質二重膜…………………………………………36, 57
視床下部……………………………………………80
シナプス……………………………………………110
自由神経終末………………………………………117
腎臓………………………………………………11, 25
脊髄神経……………………………………………102
タイトジャンクション……………………………51, 116
胆嚢…………………………………………………50
凍結割断法…………………………………………57
頭頂部………………………………………………70
尿細管………………………………………………58
皮膚の構造…………………………………………19
フリーズレプリカ法…………………………………58
膀胱………………………………………………9, 11
味蕾…………………………………………………108
メルケル細胞………………………………………20, 118
免疫電顕法…………………………………………77

生理学用語

アクアポリン…………………………………………62
アミロライド…………………………………………86
アルギニン・バソトシン（AVT）……………………57
アンジオテンシン Ⅱ…………………………………80
イオンチャネル………………………………………56
閾値…………………………………………………106
飲水中枢……………………………………………80
ウッシングチャンバー………………………………46
Na^+/K^+ーポンプ……………………………48, 54, 116
塩素イオン…………………………………………45
化学刺激……………………………………………104
活動電位……………………………………………104
カリウムイオン………………………………………45
カルシウムチャネル…………………………………64
感覚受容器…………………………………………89
機械的刺激…………………………………………104
局所浸透圧勾配説…………………………………53
極性物質……………………………………………37
原形質分離…………………………………………33

原形質流動	33
抗体	69
高張液	37
抗ペプチド抗体	69
抗利尿ホルモン（ADH）	58
抗利尿作用	58
再吸収	25
塩味	88, 109
上皮性のナトリウムチャネル（ENaC）	86, 116
漿膜側	50
進化系統樹	78
浸透（内向き，外向き）	31
浸透圧	30
生理学	14, 27
生理食塩水	39
潜時	104
脱水状態	85
低張液	37
電位固定法	47
透過性	19
トランスロケーション	76
ナトリウムイオン	45
ナトリウムチャネル	64
尿酸	26
尿素	25
粘膜側	50
能動輸送	48
濃度勾配	48, 116
半透性	33
半透膜	35
腹側皮膚型 AQP	71
ブルン効果	57
膀胱型 AQP	71
傍細胞間経路	117
ポンプ	56
水吸収反応	71, 80

動物学用語，その他

オタマジャクシ··42, 74, 97
ソノラ砂漠···92
無尾目··19
有尾目··19
両生類···2

2015	2015年3月20日　第1版第1刷発行
	2015年9月10日　第1版第2刷発行

カエルはお腹で水を飲む？

検印省略

© 著作権所有

定価（本体1800円＋税）

著　作　者	長井孝紀（ながい たかとし）
発　行　者	慶應義塾大学（医学部）
発　売　者	株式会社　養　賢　堂
	代表者　及川　清
印　刷　者	株式会社　真　興　社
	責任者　福田真太郎

発売所　〒113-0033　東京都文京区本郷5丁目30番15号
株式会社 養賢堂
TEL 東京(03)3814-0911　振替00120-7-25700
FAX 東京(03)3812-2615
URL http://www.yokendo.co.jp/
ISBN978-4-8425-0533-6　C1045

PRINTED IN JAPAN

製本所　株式会社真興社